我最爱的 美肤手典

U0323945

曹 静 编著

成都时代出版社

CONTENTS 目录

Chapter 1

SPRING SKIN
春季护肤
清洁美白 打好基础

 春季蒟蒻式柔派清洁法 2

 春困季节，别让肌肤和你一样犯困 6

 肌肤早安！春季肌肤"朝活"美容法 10

肌肤纯净白皙的头号公敌——黑眼圈 14

周末48小时完全保养手册 18

Chapter 2

SUMMER SKIN

夏季肌肤
防晒抗痘 解决问题

了解青春期脸部毒素反应区 24

刘海下的肌肤管理方法 28

夏日肌肤告急，对有疼痛感知的肌肤护理 32

短暂+长时间接触阳光的防晒方法 36

晒后肌肤如何正确缓解 40

Chapter ③

//

AUTUMN SKIN
秋季护肤
修复滋润 养足资本

秋季缺水OR缺油肌肤护理法 46

缺水、敏感、秋燥，应对换季三种肌肤状况 52

魔法点亮秋季五种面部黯沉 56

肌肤伤害，把握秋季黄金修复期 62

女孩不"甜"，肌肤抗糖化 68

Chapter ④

//

WINTER SKIN
冬季护肤
活化滋养 储存营养

你的保湿在第几层? 74

深层滋养，认识肌底液 78

防寒级护肤品，轻松应对风雪天 82

适合冬季干燥症的包膜式美容法 86

提高冬季肌肤吸收力，冷暖温差保养法 92

Chapter⑤

热门话题 HOT TOPIC
揭开化妆品内幕

谈一谈护肤品的包装 98

揭开护肤品小样的真相 102

化妆品和你想象的不一样 106

了解现在最风靡的美容小仪器 110

那些关于"水"的说法 116

chapter

1

spring skin

春季护肤

清洁美白 打好基础

一年之计在于春。

春天的气温舒适，肌肤从寒冷的冬季中苏醒，迎来美白第一课。

同时肌肤也备受春困和早春阳光带来的斑点的考验。

如何开始新一季的护肤功课，给肌肤奠下纯净美白的基础？

看完这个章节你一定会信心满满。

春季蒟蒻式柔派清洁法

洁面也有潮流更迭，棉麻不再是肌肤的"亲信"。在日本和我国台湾地区，各种各样的蒟蒻洁面工具一时爆红。相比棉麻、蚕丝、海绵等传统的洁面工具而言，蒟蒻更显呵护肌肤的诚意。春天的肌肤容易过敏、发炎，但是角质处于换季更生期，用蒟蒻，正顺应了肌肤的这种需求。

用棉麻？

棉麻洁面工具容易滋生螨虫

螨虫最喜欢潮湿以及棉麻环境，尤其以皮肤腺分泌的油脂为生。螨虫的种种嗜好，是不是与一块常用来洗脸的棉麻洁面扑完全相符？！是的，如果你打算用棉麻制成的洁面产品，除了自己非螨虫症皮肤，也要注意常常控干水分，并且用60℃左右的洗水烫洗，60℃肤可以杀死螨虫，否则不要使用棉麻洁面扑。

用海绵？

长期使用会擦伤肌肤

海绵最耐洗，而且寿命最长，因此在市面上最受欢迎。实际上海绵是最没有技术含量的洁面产品，它起泡力不如纤维制成的起泡网，吸水力也不如棉麻和蒟蒻，大家对它的喜欢之所以一边倒，完全是因为它价廉物美、百折不挠。要注意，长时间连续使用海绵洁面扑会擦伤肌肤，应该隔天用或者仅用在需要去角质的时候。

用蚕丝？

常常会添加丝绒和化学纤维

蚕丝属于一种丝液凝固而成的天然丝，这种材质并不容易制成可循环使用、坚韧耐洗的洁面工具，所以我们见到的蚕丝洁面扑或者蚕丝洁面指套，普遍会添加一些丝绒和化学纤维，以让蚕丝更坚韧、更耐洗而不变形。如果你不是敏感性皮肤，这种丝绒和化学纤维是无碍的，但痘痘肌和皮肤较薄者就要小心了。

用蒟蒻？

蒟蒻好处多，但是纯正蒟蒻洁面扑寿命较短

蒟蒻成分天然、材质细密，尤其是湿水后特别柔滑，对皮肤的呵护诚意可以说更胜其他。天然纯正的蒟蒻洁面扑的缺点是寿命太短，它的柔软度和完整度很容易被酸性洁面产品破坏，用上一段时间后洁面扑会有残损和弹性减少等情况。如果你喜欢蒟蒻那种无刺激、柔和的感觉，一定要选择中性或者弱碱性洁面产品，这样搭配会让你的洁面效果更胜以前。

　　蒟蒻，一种高纤维茎草本植物，也叫魔芋。蒟蒻中的主要成分是葡甘露聚糖（KGM），葡甘露聚糖是目前发现的最优质可溶性食用纤维。蒟蒻纤维具有吸水性强、黏度大、膨胀率高的特点，所以它可以制成减肥辅食和保健食品，因此用它来清洁皮肤可以说是最温和的。

蒟蒻为什么对洁面信心满满？

1. 蒟蒻纤维可水发膨胀、亲水隔油，脸上的油污和护肤品的油性成分一冲即净，不会有残余再次留在脸上；
2. 蒟蒻纤维拥有植物中特有的一种束水凝胶纤维，保水力与柔嫩纤细都是一等一的；
3. 蒟蒻的植物纤维不容易滋生细菌、霉变，优于其他植物纤维。

洁面工具	起泡力	摩擦力	去脂力	适合肌肤	适应季节
	★★★☆☆ 满布孔隙的蒟蒻起泡力很强	★☆☆☆☆ 束水凝胶纤维可以说是摩擦力最小的，适合眼周	★★☆☆☆ 蒟蒻的去脂力一般，对皮脂腺分泌旺盛的人来说有点力不能及	所有肤质都适用，尤其是敏感性肌肤、痘痘型肌肤和有开放性伤口的肌肤	春天和换季时节
	★★★☆☆ 海绵孔隙的结构，起泡力也不错	★★☆☆☆ 海绵纤维的温和程度仅次于蒟蒻	★★★☆☆ 海绵去脂力不错，给毛孔带来通畅感	非红血丝浅表型肌肤、敏感性肌肤都适用	夏天
	★☆☆☆☆ 布面类的洁面工具起泡力是最差的，仅适合无泡类洁面品，例如洁面液、卸妆油	★★★☆☆ 棉纤维湿水后的亲肤力又比干燥的时候要好	★★★☆☆ 棉纤维能有效地带去油脂，并且不伤害皮肤的皮脂膜	混合性肌肤、油性肌肤和久未去角质的疏于保养的肌肤	四季可用，尤其适合多油多汗的夏天
	★☆☆☆☆ 起泡力差，适用的洁面产品同上	★★★★☆ 摩擦系数最强，无角质力最棒	★★★★☆ 再顽固的油脂、氧化皮脂一擦即净，适合角质型出油肌肤	粉刺黑头严重的混合性、油性肌肤	四季可用，尤其适合多油多汗的夏天
	★★★★☆ 电动起泡力最强，可以不被洁面产品的成分控制，只要有表面活性剂就可以起大量的泡泡	可调节转速和与皮肤的距离，摩擦力是可以自己控制的	★★★★☆ 大部分出油严重的人都适合快速便捷的洁面刷	视洁面刷所附赠的刷头属性而定，也有专门为敏感性肌肤所配备的防敏刷头	角质易堆积的夏天和不方便用手慢慢搓洗的寒冷冬天

Air Fa 蒟蒻清洁棉
主打超快速的起泡能力，以及强吸水力，比其他洁面扑更能清除粉刺黑头。

Lucky Trendy全身可用天然蒟蒻洁面海绵
超大尺寸，可以洗脸，也可以配合沐浴露使用，能有效去除身体上的死皮和污垢。

Lucky蒟蒻洗颜按摩球
这款产品的特点是不需要用洗面奶就可以完成清洁工作，对卸妆也有很好的效果。

Makoto天然蒟蒻洗颜海绵
纯天然蒟蒻洁面扑，多重吸水设计，特别适合敏感性皮肤和痘痘性肌肤。

艾侬蒟蒻洗颜按摩QQ棉
100%天然蒟蒻极细纤维制成，有保护皮肤、防止皮肤水分流失的效果。

肌美人宣言纯天然竹炭蒟蒻洗颜棉
本身就是弱酸性的洗颜棉，用食品级的蒟蒻制成，洁面时不需使用洗面奶，就可以把脸上的脏东西清除干净。

比一般洁面方式更干净的洁面教程
蒟蒻洗卸顺序：从角质厚到角质薄的顺序（额头、两颊、下巴、鼻翼、眼周）

先将蒟蒻洁面扑完全打湿，挤洁面产品在洁面扑上，揉搓出大量的泡沫；

角质最厚的额头区域是第一个要清洗的地方，按照额头横纹的方向打大圈去除污垢；

洗脸颊时要从下到上，仍然是画大圈清洁，如果觉得洁面扑有点干，一定要在洁面前加点水；

最后洗下巴、鼻翼和眼周，这些地方不要打圈擦拭，轻轻擦就好；

要用大量清水冲洗，之后赶紧使用具有保湿作用的护肤品就可以了。

清洁美白
打好基础

春困季节，
别让肌肤和你一样犯困

　　春风拂过，人忽然开始变得倦怠起来。突如其来的"春困"居然也波及到了皮肤，气色不佳、光泽不再，怎么睡都找不回状态……如果你的皮肤也春困了，最好快快开始自己的醒肤计划。春光明媚，肌不可失，赶快把肌肤叫醒吧。

如何辨别你的肌肤处在春困状态？
■ 无论睡得有多足，一觉醒来眼皮浮肿、眼睛总是睁不开；
■ 肌肤没有光泽，脸总是灰灰的，像冬天最冷的时候的肤色；
■ 脸部气色不佳，看上去像是病了，给人没有活力的印象；
■ 春季肌肤太敏感，去角质比较容易伤肤肌肤，就像赖床的孩子总是爱发脾气；
■ 无论使用任何产品，皮肤都不吸收，而你总是找不到原因。

肌肤春困表现：眼困脸肿，五官总是在"睡"

早上起床或者中午的时候，我们总是习惯性眼涩头晕、肌肉乏力，对着镜子微笑居然也是一脸窘态。这种春困主要是由于面部循环不好所致。由于冬天缺乏运动或者本身就患有循环问题，天气转暖后血液和体液仍然呈缓慢的速度流动，这使得脸部昨日的疲惫都不能很快消失，水肿导致的问题就连番出现了。

起床后抽出3分钟的时间按摩，能使五官和面部的肌肉群更快地苏醒，比化任何妆容都要有效。

解决它！

肌肤表面微循环启动操

用时：3分钟
用于：起床后或者擦保养品之前

Wake up!
春季"叫早"精华

Avene雅漾
祛油保湿精
华露

DHC蝶翠诗
白金多元精
华液

Freeplus芙丽芳丝
保湿修护美容液

LANEIGE兰芝
抗氧化维生素
C美容液

Nature&Co
娜蔻纯皙靓
白净萃精华
液

1 用手掌的前端以扎实的力道拍打脸部两边的颊肉，刺激大脑和肌肤皮层神经的苏醒；

2 用无名指和中指按压眼眶的下沿，压3秒，放松，压3秒……你会摸到一个类似盆地的构造，里面就是眼眶的内陷区，高起的边缘就是最酸痛的、水肿最为严重的区域；

3 用较大的力道揉按太阳穴，手指不要离开皮肤，要用劲去揉按穴位，直到酸、胀、紧绷的感觉消失，消除眼周浮肿、眼眶发乌等问题；

4 从鼻翼开始，用无名指和中指将肌肉推向太阳穴，动作要缓，用中速，提升脸部紧致度，立刻恢复笑肌的弹性；

5 做完一系列按摩后，脸部已经微微发热了，这时迅速地喷上一点清凉的喷雾，就能迅速获得提神效果；

6 当肌肤紧致度大增的时候，使用容易吸收的精华，喝饱水的肌肤顿时睡意全无、神采奕奕。

肌肤春困表现：气色不佳，灰蒙蒙的肤色像生病了

这种"春困"是由于脑部供氧不足导致的

冬天的时候，气温低，血流慢，血管收缩，肌肤处在"蓄养"的状态，这时气色看上去比较青冷、缺乏红润感。而到了春天，气温慢慢回升，血管和毛孔也逐渐扩张，血液携着氧在扩张了的血管里流动，未来得及供应大脑，所以会导致短暂性的、大脑供氧量减少的情况。而处在大脑之下的面部皮肤，也因为缺少氧气而显得气色不佳，如果是血少体弱的人，春天的肌肤气色甚至要比冬天的还要差。

解决它！

提高血液携氧量的氧气疏通按摩法

用时：6分钟

用于：睡前按摩或者脸色差时按摩

有益！
用它们按摩耳后、锁骨、肩胛骨、腋下，四个重要的氧气驿站。

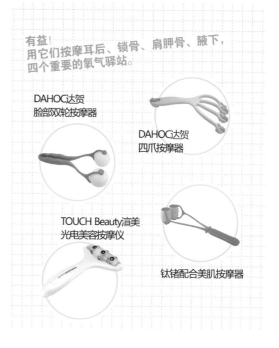

DAHOC达贺
脸部双轮按摩器

DAHOC达贺
四爪按摩器

TOUCH Beauty渲美
光电美容按摩仪

钛锗配合美肌按摩器

1 用四指指腹从下颌滑至耳后，耳后有重要的淋巴导流系统，没有循环问题的人这个地方是柔软而且有弹性的，而有淋巴循环问题的话，这个地方僵硬、触压有痛感；

2 指腹不要离开皮肤，将静脉血液和脸部滞留的水分经颈部推动到锁骨，动作要缓慢有力；

Wake up!
春季叫早精华

AFU阿芙薰衣草
精油

Oshadhi薰
衣草单方精
油

The Body Shop
美体小铺宁神减
压薰衣草精油

3 再从耳后开始推向背部肩胛骨，揉动并松弛肌肉，打开紧锁的背部肌肉，打开喉腔及上呼吸通道，增加吸氧量；

4 用手的力量将静脉血液从肩胛骨排至腋下，整套排毒及提高血液携氧量的手法就完成了。

芳草集葡萄柚精油

Lesson 3 肌肤春困表现：使用任何产品都感觉不能吸收，春困肌肤也“厌食”

这种“春困”属于毛孔季节性不畅造成的

冬天，由于日久的清洁不彻底造成皮肤角质变厚，春天气温忽然回暖，毛孔油脂分泌趋于旺盛，毛孔往往会出现堵塞的问题。

春天肌肤吸收效果差，感觉使用任何保养品都过敏，正是毛孔适应不了气温变化、又有堵塞负担的结果。因此，在春天更应做好清洁，这个季节“洗脸是否洗得干净”，将决定了今后肤质的好坏。而当你觉得毛孔不畅的时候，没有任何东西能比一块温和又安全的洗面扑更适合洗你的脸。

解决它！

让毛孔忘记季节的清洁大法

用时：5分钟

用于：每次洗脸时

1 洗面扑蘸湿水，再挤出适量的洗面奶，先揉搓出细密的泡沫，这个步骤称为“叫醒洗面奶的清洁活性成分”；

2 先从角质比较厚的地方开始轻轻擦洗，下颌和额头都是角质比较厚的地方；

3 洗脸蛋时要按照肌肉不松弛的原则，从内到外、从下往上轻轻推洗，要用洗面扑推动泡沫来清洁皮肤；

4 等洗面扑上的洗面奶越洗越少时，因为混合了较多的水，碱性也已经慢慢变小了，这时候适合用来清洁眼周；

5 清洗眼周时用泡沫轻轻弹压皮肤，让毛孔里的脏东西在冲击力下被洗出，切勿来回搓洗；

6 用清水冲过脸部后，用化妆棉取爽肤水再轻轻擦拭一道脸部，作为二次清洁，再次疏通毛孔。

Wake up!

春季“叫早”精华

曼秀雷敦泡沫洁面乳(青苹果)

资生堂洗颜专科柔澈泡沫洁面乳

相宜本草四倍蚕丝凝白洁面膏

佰草集新玉润保湿洁面泡

上海珍珠美白洁面乳

SPRING　清洁美白
打好基础

肌肤早安！
春季肌肤"朝活"美容法

　　每天手忙脚乱地起床，不如提早15分钟。一点点的提前会让你格外神清气爽，好像多赚到了时间，一天有了好的开始！日本近来流行的"朝活"，鼓励MM早起，利用晨间时间护肤，效果加倍。"朝活"美容法提倡把肌肤上的前夜余毒通通清空，帮助睡不醒的人唤醒肌肤，然后再用千层派涂抹法给肌肤做足防护。

"朝活" 第一招：清空肌肤前夜余毒

早晨起床最有挫败感的事是看到自己面部浮肿。面肿，深深地困扰着众多女生。面肿不只是因为前一晚喝水量多的缘故，还有很多因素导致了你有个失意的早晨。

面肿的特征	细节的判断	诱因
眼肿	表现为上眼皮比较浮肿，闭眼睛能感觉到肿胀感	前一晚摄食了太多高盐分的食物或者喝水太多
眼肿伴有黑眼圈	多发生在经期或者经期之后，眼周浮肿，黑眼圈多为乌青色	这是经期行血不畅引起的，如果睡眠不足，面肿还会加剧
全脸及脖子肿	整个脸部肿了一圈，用手指压下去反弹很慢，锁骨印也会跟着消失	在肾脏功能不全的人身上就会发生，或者长期吃夜宵摄食了损害肾脏的食物，例如高蛋白食物和嘌呤食物（动物内脏、海鲜等）
单面肿	只有一侧的脸部特别浮肿	行血不畅引起的，多数是睡姿不当、颈椎和枕头的位置不合理的缘故
全脸肿及面色苍白	频繁甚至每日都面肿，起床后脸色非但不红润，还十分苍白	长期贫血及营养不良引起的，建议到医院做一次血液检查

迅速消除面肿，醒肤水+幸福拍打操
耗时：5分钟

清洁脸部后，马上使用清凉、吸收迅速的醒肤水，配合拍打动作，迅速激活脸部水分代谢机能，5分钟消除面肿。

1 在面部喷洒比平时多两倍的醒肤水，到差不多滴落下来的程度；

2 手掌在额头横向移动，拍打额头能迅速苏醒面部神经；

3 从下巴的两侧开始呈"V"字形从下往上轻拍脸廓至太阳穴，激活面部血液循环；

4 用食指和中指以弹钢琴的方式轻拍眼尾，在眼尾上下呈"C"形游移，弹打的速度可以快一些；

5 拍打完面部后再喷上一点醒肤水，以清凉效果收尾就能获得紧致小脸的效果了。

"朝活"第二招：几滴精华液唤醒肌肤活力

肌肤睡不醒？几滴精华液轻松解决。

肌肤睡不醒到底有多严重？以下特征你有吗？

许多人只有在夜间才有使用精华的习惯，实际上如果你面临着以下问题，精华更适合白天使用。

■ 睡了一夜，肌肤还是很干燥，睡前没有的脱皮现象起床后居然发生了；

■ 睡不好，脸上出现松弛现象；

■ 肌肤黯淡没有光泽，感觉像是营养不良；

■ 感觉自己比睡前脸部凹陷多了，不是瘦了，而是不好的睡眠导致胶原蛋白大量流失；

■ 起床后火气大，脸部长出睡前没有的痘痘；

■ 肌肤没有水，出门后冷风一旦吹袭马上就紧绷疼痛。

早晨做这些事能帮助肌肤和你都马上清醒

① 喝一杯热开水，能迅速使身体微微发汗，面部毛孔一旦出汗就能迅速提神；

② 起床可以坐在床边梳头3分钟，增强头部血液循环，你和皮肤都会马上醒过来；

③ 刷牙后含一口常温开水，坚持几分钟再吞掉，和鼓嘴吹气的原理一样，都能迅速收紧脸部肌肤；

④ 起床没到半小时不要急着吃早餐，突然的饱胀会让血液集中到胃部，困意会马上袭来；

⑤ 夏天用剩下的晒后舒缓喷雾此时能派上大用场，补水滋润，清凉的作用让你舒爽。

▷ 迅速消除黯沉，醒肤精华液+唤醒涂抹法
耗时：10分钟

加班熬夜、赶作业、感情伤……谁能真正做到一觉就能零压力地起床？面对起床不堪的皮肤状况，可以在洁面后使用具有醒肤作用的的精华，稍加按摩，一来能灌输高营养促进胶原蛋白的增生，二来是睡了一夜，肌肤处于一个比较迟钝的阶段，代谢比较慢，活性精华液能让它代谢加快，增加面部光泽后，人自然感觉神采飞扬了。

1 涂精华液之前一定要充分洁面，认真清洁6分钟，然后用干净的毛巾擦干水分；

少量多次涂抹精华液最有效，先滴在指尖，从脸部最干燥的两颊开始；

涂抹脸颊要从法令纹开始向上推，要推动颧骨周围的肌肉往上走；

将眼袋的赘肉往眼尾及太阳穴方向轻推，收眼袋的同时迅速缓解眼周困意；

揉按太阳穴舒缓压力，一边向高处的发际线推按，让肌肤感觉被拉紧就能迅速醒肤；

最后手上剩余的精华液可以轻轻拍打在脖子上。

"朝活"第三招：千层派涂抹法防护肌肤

早春时节出门，肌肤的锁水能力饱受考验。尤其是北方，既要经得起干冷空气对水分的掠夺，也要预防小细纹跑出。在这个时候要给肌肤轻薄易吸收的优质油脂成分，并采用千层涂抹的办法，让肌肤轻易地接受。

春季使用滋润产品第一选择要领

到了早春，要开始着手购买今年第一瓶滋润产品，怎么选择非常关键。总体来说，春季护肤品应以保湿、抗敏为主。

■ 根据自己的皮肤性质选择使用保湿乳液或乳霜，巩固形成肌肤保护膜。

■ 有换季过敏的人，建议使用温和的药妆。

■ 选择乳液要侧向像精华的质地，便于肌肤吸收。

■ 要选择吸收彻底、让肌肤表面清爽的产品，以免皮肤在空气中吸附粉尘，带来外源性的毛孔堵塞。

▶ 迅速做好防护，乳液面霜+千层派涂抹法
耗时：11分钟

1　先花8分钟敷一张补水面膜，这时可以做点别的事情为出门作准备；

2　简单冲洗干净后，用少量乳液在掌心中用热度化开；

刚洗完脸后，皮肤势必是冰凉的，这时涂上温润的乳液就能马上吸收；

然后将中指指甲片大小的面霜涂在掌心，轻轻在脸上拍开，不要用推的方法，否则会导致脸上局部的油脂量过重；

最后将手掌搓热，盖到脸上，并稍微用力摁压，使热能带动面霜的营养向下渗透。

清洁美白
打好基础

肌肤纯净皙暂的头号公敌——黑眼圈

在脸部皮肤的各种疑难中，黑眼圈顽固，成因多，容易给人留下不好的印象，因此屡屡挑起众怒。"敌人"在不断壮大，如果你还在用老一套的方法，必然会一败涂地。对付黑眼圈，使命不改，效率必须加快。

黑眼圈并不是一两次失眠就形成的，它的成因最终还是眼部循环衰退。黑眼圈被视为眼部衰老第二个出现的迹象。眼周是由下到上，最后是外圈慢慢出现问题的，第一次警示就发生在下眼皮。因此一定要预防眼部疲劳，尽早使用促进循环的眼部产品，当下眼皮开始出现浅影时，就要注意日常作息和针对黑眼圈的护理。

眼周问题出现顺序：

a.下眼皮

先是：下眼皮靠近内眼角处淤黑逐渐成影

b.下眼皮

接着：形成片状和带状的黑眼圈和眼袋

c.上眼皮

接着：眼皮出现松弛下垂，眼睑垂塌

d.眼尾

最后：出现明显鱼尾纹

误区1：用能淡化肤色的美白面膜、眼膜来去除黑眼圈。

含有水杨酸、果酸、酵素等成分的美白面膜、眼膜，是借由去除角质的成分使皮肤焕白，对于淤血型黑眼圈不仅完全无效，还会让血管浅表型黑眼圈（皮薄、血管太明显形成的）更明显。
正确做法：先判断自己黑眼圈的类型，非血管浅表型黑眼圈用这类美白眼膜是有帮助的。血管浅表型黑眼圈要考虑使用敏感皮肤专用的、增加角质厚度的眼霜。

误区2：只靠冰镇来消除黑眼圈。

市面上流行的冰镇眼罩虽然能一时解除眼部疲劳，但是对黑眼圈并不好。冰冷会使微血管破裂，血管收缩，冷敷会使皮下淤积血液和水分都加剧滞留。
正确做法：对黑眼圈来说，促进循环的温敷永远比冰敷要好。用蒸汽熏眼或者使用市面上的蒸汽型眼罩对黑眼圈也有帮助。

误区3：在眼周使用防晒霜能预防黑眼圈。

如果不是黑色素非常活跃（容易晒黑）的肤质，阳光并不会那么容易在眼周留下色素性黑眼圈。不管是多么轻薄的面部防晒品，都不能用在眼周。不是眼部专用的防晒品，对眼部是个极大的负担，容易导致肌肤不透气，反而形成黑眼圈。
正确做法：购买眼部专用防晒霜，最好兼具抵御UV紫外线功能，盛夏户外要用防晒指数SPF30，室内面对电脑用SPF15。

误区4：只在眼底使用具有去除黑眼圈功效的眼霜。

我买的眼霜不管用！新买的眼部精华居然一点效果也没有……大多数对于去黑产品的抱怨也许只是因为你用的范围不对。
正确做法：使用促进循环原理代谢黑眼圈的产品，尤其讲究大范围使用，上达眉下，外可达太阳穴，下达颧骨。

由于休息不足和血液循环不畅导致的黑眼圈最常见，每天两次使用眼霜，搭配引导循环的手法，就能减轻可恶的熊猫眼——尤其是在黑眼圈颜色还是黯红色静脉血，未变成青黑色的时候。

2 移动到眼尾时拍揉10下左右，这里可以再点涂多一点眼霜，增加眼尾的提拉效果；

1 在无名指指腹上沾上眼霜，从眼头上方的地方开始，慢慢以提拉的手势滑向眼窝；

3 滑向眼袋，不要离睫毛根部太近，涂的范围可以大一些；

4 滑向眼头下方，经过鼻梁骨的侧面再滑向眼头，形成一个椭圆形的回路。重复几次，觉得眼霜被吸收，眼周清爽就可以了。

推荐

熊猫族都爱用它们
（用于黑眼圈形成初期）

Clinique倩碧眼部护理精华露（滚珠按摩设计）
医用级钢制滚珠，促进微循环，通过提高眼部区域的血液流量，从外观上改善黑眼圈。

快杰白熊君熊猫眼贴
针对积累型黑眼圈的快速消除眼贴，适合睡眠不足、使用电脑、熬夜的熊猫眼族群，晚上可贴着睡觉。

L`egere兰吉儿熊猫眼掰掰笔
添加亮眼去黑精华鞣花酸，洋甘菊镇静眼部皮肤，五胜肽和Q10紧致平滑眼皮，滚珠设计便于每日按摩。

我们在卸睫毛膏的时候常常不留心色素的残留，闭眼卸除的残妆就直接残留在下眼皮，形成色素沉着性黑眼圈，尤其在喜欢化妆的人的脸上特别常见。那么针对要卸妆的人，也有一套预防黑眼圈的办法。

1 先在下眼睫毛根部和眼袋涂上卸妆油，作为隔绝残妆的一层基底，预防睫毛膏和眼线的色素渗入；

2 卸睫毛膏时，用一张薄薄的化妆棉垫在睫毛底下，合眼，然后用棉棒把睫毛膏慢慢清理下来；

3 确保卸掉睫毛膏后，再用浸透卸妆油的化妆棉卸眼影等，这个时候长时间闭眼，也不会有太多的残妆印在下眼皮上了；

4 用棉棒仔细卸除睫毛根部间隙的眼线。大部分色素沉着性黑眼圈，都是卸黑眼线不彻底，或者带着残妆睡觉的结果；

5 彻底清洁面部，把卸妆油完全洗净即可。

推荐

熊猫族都爱用它们
(用于黑眼圈形成之后)

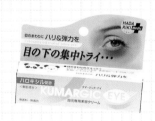

Hada Riki肌丽黑眼圈修护眼霜
含有Ha1oXYL眼部美容液成分，不含矿物油和任何化学成分，不会导致脂肪粒的产生。每天集中用于眼袋和黑眼圈处，能改善眼部肌肤的颜色和浮肿情况。

Hada Riki肌丽熊猫眼精华液
使用保养品后轻涂于眼周，含丰富玻尿酸使眼部更加紧致，消除松弛和淤青兼有的黑眼圈。优点是能和其他眼霜一起使用。

StriVectin Hylexin告别黑眼圈眼霜
美国热销的亮眼扫黑眼霜，能减少并去除长年超严重黑眼圈，帮助氧化血红蛋白酶素化的科技，令眼部沉积的血液和色素褪去。

周末48小时 完全保养手册

　　从星期一到星期五，肌肤也和我们一起终日忙碌，而我们的保养护理全部删繁就简、应付了事。而到了周末，面临完全无压力的48小时，护理肌肤的日程该如何安排？在周末，我们完全有必要给肌肤准备一套可以持续实行的方案，它完全区别于周一到五的保养，或蜗居养神，或清净释压，让肌肤充满下一周的电力。

选择三种方式，素颜8小时

第一种方式：
晨起第一次洗脸后肌肤断食，直至下午

在大多数的情况下，刚用洗面奶清洁完的脸部肌肤是呈略碱性的。假如你马不停蹄地使用化妆水、乳液，而又不能确保它们非碱性并不含表面活性剂，则肌肤容易受到双重碱性伤害。

早晨起床的肌肤状态好的话应该是这样的：双颊红润，肌肤不紧绷，只有鼻头微泛油光。这样的肌肤最好只用清水洗，并坚持8小时不涂抹护肤品，每周"断食"1次，帮助皮肤角质层自我修复。

第二种方式：
无论什么时候，卸妆后素颜8小时

水洗型的卸妆油都含乳化剂，而添加过量的乳化剂不仅能溶解彩妆，更会把肌肤表层的皮脂膜一同溶解。你的卸妆油是不是适合自己？没有什么比刚卸完妆的皮肤更诚实的了。只要每次卸妆后素颜短短几小时，肌肤就会诚实地告诉你以下这些：
①卸妆后出现脱皮现象的，如果自己在妆前并没有此类现象，证明该卸妆油存在过量的乳化剂，皮脂膜被穿孔地溶解后出现皮屑；
②卸妆后皮肤出现粉刺痘痘的，证明该卸妆油含矿物油等堵塞毛孔的油质，如果不及时更换，痘痘和粉刺将会源源不断。

第三种方式：
睡眠时裸肌入睡

人在睡眠时，皮肤上所有的毛孔都是张开的，这就是为什么我们在睡觉的时候特别容易着凉的缘故。毛孔在睡眠时会不断地"吐故纳新"，入睡前的脸是清洁无油的，但是醒来时肌肤却会浮现一层油。

当你所用的晚霜或者其他护肤品过量时，就会形成皮肤里面的油脂无法排出，外面的营养无法进入，内忧外患同时搅扰的毛孔必定会以长粉刺、痘痘的形式进行报复。对于18~25岁这个年龄段的女生来说，不仅仅是周末，睡眠的时候"无为而治"，什么都不用反而是最好的。

关于精华液的周末保养新观念

大部分的精华液都兼具水溶性和脂溶性的特点，使它们都能很容易地被人体吸收利用，所以使用精华液前请耐心补湿，并尽量多按摩。实验证明，光用双手按摩脸部就能刺激脸部分泌油脂，而这些都利于精华液的吸收；

精华液都用在局部，找一个光线充足的地方，用镜子耐心观察脸部瑕疵，不要疏忽每一个细节，它们能告诉你自己到底需要什么样的精华液；

如果周末不打算出门，也不希望脸上太黏腻、涂太多东西，可以选择含分子钉的精华液。分子钉除了是现在当红的成分之外，还能使精华液比一般产品更保湿，这时你就可以选择不用乳液或者面霜了。

Lesson 2 48小时，至少留出20分钟享受"周末盛宴"

用化妆棉湿敷精华液，是我们知道的另一种精华液使用方法。假如要给它设定一个黄金时段的话，一定是不会遭受阳光照射、肌肤免遭灰尘污染及肌肤得到充分休息的周末。

为什么把精华液当成"周末盛宴"？
它不是应该天天使用的么？

答案可能会让你豁然开朗：

精华液是高浓度美容液，对健康皮肤来说，天天使用精华液等于过度保养！除此之外，不少品牌的精华液都具有特殊针对性，即使说明书上没有点明，但是这些类型的精华液最好局部使用，不提倡在整张脸上大面积使用。那么周末，就是我们集中修复肌肤问题的时候，腾出20分钟用精华液犒劳肌肤。

周末，换一种方式使用精华液

1 先用化妆水湿润肌肤表面，如果你还想要肌肤更无负担一些，可以只用矿泉水喷雾；

2 用喷雾水打湿化妆棉，从脸庞最中心的地方开始依次向外擦拭，先清除肌肤表层的脏污；

3 这个时候你的皮肤会感到清透微凉，这就是毛孔已经打开的表现。取南瓜籽大小的精华液的量，在肌肤上均匀推开；

4 用原来那张化妆棉，重新喷上点喷雾水，轻轻地在肌肤表面滑动。这次在肌肤表层做再次补水的动作能帮助精华液进行二次渗透，这样处理过的肌肤是一点也不会黏腻的；

5 最后使用面霜作为最外层的保护，锁定营养。在不需要化妆的周末，这套方法已经能够完善肌肤的日常防护了。

蒸脸、去黑头、脸部整体按摩，这些动作在周末完成效果更佳。

面部除毛（包括修眉、除汗毛等）

肌肤没有得到适度的滋润的时候，在肌肤表面剔毛也会使毛囊遭受到刮削性损伤。这时皮肤会出现红、痛的现象，不是一般护肤产品可以消除的。因此除毛工作最好周末来做，你有足够的时间让这些表皮刮伤引起的红块慢慢消失。

蒸脸

蒸脸最佳频率是一周一次。这和洗脸一样，效果和次数不一定是成正比的，这是由皮肤生理平衡因素所决定的。过度蒸脸，比用热水洗脸对皮肤带来的危害更甚。

护鼻（去黑头）

为什么鼻子比其他地方更快地长出粉刺？因为粉刺是油脂腺受到过分刺激的产物，而鼻子正好是我们感知温度的工具。每月给脸庞去一次黑头，而鼻子上的功课我们要更勤快一些，每周一次。

使用深层清洁面膜

清洁是所有护理的基础，清洁做得不彻底，后续的各种护理效果会大打折扣，所以，深层清洁是一定要坚持的。每周使用一片深层清洁面膜，它和两三日一片的美白面膜并不冲突，也不能取代。

脸部整体按摩

身体借助运动来保持柔韧，脸庞也需要适度运动才能维持年轻状态。每天如蜻蜓点水一样的按摩是没有效果的，每周最好进行一次力度稍大一些的、持续时间长（才能带动血液循环）的按摩。通常，油性肌肤按摩时间可稍长，每次可按摩15到20分钟，干性肌肤最短，每周5到10分钟即可。

chapter

2

summer skin
夏季护肤
防晒抗痘 解决问题

肌肤问题随着炎热的天气和张狂的紫外线而来，
痘痘、色素沉淀、晒伤……在漫长夏季轮番侵扰肌肤。
了解夏日抗晒知识、管理刘海下的肌肤、学会正确去除晒后痕迹，
你的肌肤必定在与烈日的战斗中场场胜出。

了解青春期脸部毒素反应区

青春期是皮肤问题的爆发季，原本没有显现的问题突然都出现了。长痘和变色是青春期多发的症状，幸好脸部不说谎，它是我们体内问题讯号的反应区。掌握这份"缉毒地图"，你就能找到皮肤问题的病灶处，了解自己的皮肤为什么躁动不安。

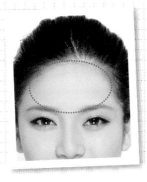

脸部毒素反应区1：额头

是肺功能不足的表现，长期肺气不足会让额头长斑。你该问问自己：平时自己运动量足够吗？室内空气流通是否好？如果你的额头常常是青绿色的，要特别注意肺部问题。

是长期睡眠不足的表现，是肺部严重受损，得不到新鲜氧气的缘故。

脸部毒素反应区2：鼻梁

的MM是坏脾气女生的嫌疑最大，这是肝功能不好的表现。脾气暴躁，老是控制不住自己。多摄食补肝的食品，例如鱼、核桃、花生、胡萝卜、菠菜、枸杞、蜂蜜等，你会发现原来对肝好的食物对皮肤也很好！

脸部毒素反应区3：嘴唇

，是宫寒的表现。患有宫寒的女孩子常常在生理期下腹坠胀疼痛，饱受折磨。嘴唇上方长斑、发黑的女孩子皮肤也比较苍白无血色。

是脾虚、血虚、贫血的表现。冬天容易四肢冰冷发紫，若营养失调，很容易就会贫血。有这个症状的女孩子减肥的时候要特别小心，很容易减肥不成，反倒亏了身体。

脸部毒素反应区4：下巴

，这是体内湿毒大的表现。在这种体质影响下的皮肤常常瘙痒，不仅脸上长痘，胸前背后都很容易长痘。湿毒物质长期积存在人体内最容易造成气血不畅、容颜黯淡、精神萎靡。

额头痘

说明你的肝脏已经积累了过多毒素，不规律的生活、昼夜颠倒、长时间熬夜都会让肝脏不能在正常时间（夜里10点~12点）工作，毒素就会积累下来。

太阳穴痘

太阳穴附近出现痘痘，这表示你的饮食中吃了太多的加工、油炸食品，造成胆囊阻塞，应该赶紧进行体内排毒大扫除。

鼻翼痘

这是胃火过大、消化不良的表现。要扑灭胃火，不是吃多点凉性食物，而是不能吃过烫过冰的食物。另外，刺激胃酸的东西也会让你持续长痘，它们是汽水、咖啡、脱脂牛奶、醋、茶，应该尽量少吃。

印堂痘

出现在双眉中间的痘痘最不能轻视，回忆一下是否最近经常出现心悸、胸口闷的症状，当心脏活力减弱时这里才会长痘。

唇周痘

便秘或者肠热，吃了太多辛辣、油炸食物是嘴唇周围长痘的原因。当然，使用含氟过多的牙膏也会刺激长痘。

腮边颊痘

长期肝脏负担加重后，会在耳际、脖子和脸交界处产生痘痘，反复爆发在同一位置，升级为淋巴循环不畅。应该适度增加睡眠时间，让大量供应到大脑、肠胃的血液有充分时间供应肝胆排毒。

右脸颊痘

右脸颊痘痘是肺部有炎症的反映。如果你肺火上升、喉咙干燥、痰多咳嗽，留意一下右脸颊痘痘。对这类痘痘的忠告是：停止吃海鲜和会引发炎症的水果吧，例如芒果、山竹、桃子和菠萝等。

左脸颊痘

左脸颊长痘说明你的血液排毒能力降低，有可能是肝脏出现了问题，或是血液循环出现了问题。

脸部排毒按摩操，1分钟皮肤变红润

脸色不好应该要反省自己的生活方式，这可能是亚健康的信号。自己的脸色总是看来灰扑扑的？还容易长斑？应该学学下面这套中医脸部徒手干洗操。

这种按摩可以在一天中任何时候做，不过以清晨有振作精神的作用为最佳。经常干洗面可以疏通气血，有促进五脏精气、保养皮肤的作用，你会发现自己的面霜效果更好了，还能使得皮肤光润、容颜悦泽。

1 不用任何按摩膏和面霜，先将双手搓热后擦面；

2 依照这样的顺序：脸部正中→下颌→唇→鼻子→额头，开始用双手手掌像洗脸一样擦洗，到脸部发红微热的程度就可以了；

3 然后双手分开各自摩搓左右脸颊，保持1分钟；

4 最后再涂上自己喜欢的面霜。

青春期不囤毒，有利皮肤排毒的四种新知识

1 女生补铁要从青春期开始了。补铁及时皮肤才会好，不但不要盲目节食减肥，还要多吃补铁的食品，例如海带、紫菜、木耳、香菇、豆类，其中黄豆中的铁不仅含量较高，且吸收率也较高。

2 有的女生嫌乳房发育差，涂抹健美丰乳膏使乳房丰满、增大，其实长期使用可引起月经不调、色素沉着、皮肤萎缩变薄，还可使肝脏的酶系统紊乱，胆汁酸合成减少，容易形成胆固醇、结石。

3 青春期不宜浓妆艳抹。人体全身的皮肤共有汗孔2000万个以上，每天由汗孔排泄大约1.5万粒体内废物。少女浓妆艳抹脂粉，无疑阻塞了体内废物的排出，这样不仅影响体温调节，还容易造成"化妆品斑疹"，影响面部皮肤的健康。

4 青春期不能"累了才歇"，皮肤和身体一样也会存在透支的情况，过度疲劳容易积劳成疾，人体免疫力下降，从而使痘痘、粉刺乘虚而入。

刘海下的肌肤管理方法

刘海底下，既是皮肤的庇护所，也是重灾区。悄悄掀开女生的刘海，你会发现更多她的肌肤秘密！夏天额头因刘海覆盖透气不好引发了种种问题：痘痘粉刺的温床、角质堆积、比其他区域的肌肤略显黯沉……总而言之，额头是美人们保护肌肤的重要阵地！学会额头肌紧急护养，占脸蛋1/3的额头皮肤千万不能忽视。

额头肌肤好坏透露身体健康状况

■T区是面部角质增生速度最快、油脂分泌最旺盛的区域，作为T区面积最大的一块——额头，死皮角质堆积容易造成黯沉和皱纹；

■由于洗头水和洗面奶化学成分的双重刺激，额头肌肤容易有过度清洁的问题；

■刘海的庇护造成透气性不佳，加上长期接触定型喷雾等美发产品，造成痘痘粉刺激增。

额头的肌肤透露健康状况

长痘	额头状况反映着心脏和血液问题，长痘证明有压力大、心火旺和血液循环不畅等问题
皱纹骤然变多	肝脏负担过重，消化功能异常
血管暴出	营养不良，作息不规律
颜色泛黑、泛紫	肾脏功能弱，肝胆代谢障碍
额头长斑	性激素、副肾激素、卵巢激素异常

肌肤管理：去除额头废旧角质

角质堆积造成的问题你一定不陌生：黯沉、粗糙。如果清洁力跟不上，痘痘和粉刺都会源源不绝。额头肌肤状况堪忧的原因，就是额头肌肤一直存在疏于管理的问题。我们一般都把脸颊作为护肤的"包干区"，即使不使用磨砂产品，凭借一些深层清洁面膜或者含果酸、水杨酸类的化妆水就足以完成去除角质的要求。而额头肌肤就在厚此薄彼的天平上，多数处在疏于照顾的一方。

去除额头角质贴士

1. 定期使用带颗粒的磨砂产品，根据颗粒大小确定次数，例如强力磨砂颗粒两周1次就可以了；

2. 坚持手工打磨，每次磨砂3~5分钟即可，手指可感受到磨砂颗粒在皮肤上的溶解程度。如果打磨过度你还能感受到肌肤的疼痛，逐步摸索出适合自己肌肤状况的磨砂力度；

3. 打磨额头时要从额头中间往两侧推，这样有助额纹消退。打圈和上下来回打磨是错误的。

效果确认：老废角质得到去除后的额头肌肤是光亮平滑的，你能看得到肌肤天生的光泽感，在使用粉底液时不容易出现卡粉的现象。

肌肤管理：扑灭额头粉刺痘痘

痘痘粉刺从来不会无事滋扰。我们知道，含有各种添加剂的劣质护肤品会导致痘痘、粉刺爆发，实际上，劣质美发定型产品也和它们是一丘之貉。

无论何种定型产品，都含有毛发定型高分子溶剂、中和剂、表面活性剂、可塑剂、推进剂及增黏剂和香精等添加剂，喷洒在头发上、手触摸额头时，都会把这些痘痘、粉刺的"引爆器"带到肌肤上。

给头发造型时避免定型品接触额头

1 喷洒头发定型产品时，要用纸板或者其他物品挡住额头；

2 给头发定型之后，可以用普通的化妆水擦拭额头肌肤，带走化学成分。

视情况使用控痘乳/霜

1 干燥的冬季乳霜上阵，假如你的额头痘痘频发，可以考虑购置额头区域专用的控痘乳霜，单独用在这个区域，脸的其他地方可照常使用其他乳霜；

2 控痘乳/霜一般都具有疏通毛孔、使多余油脂无法堆积的效果，早晚各1次可有效控制额头痘；

3 痘痘有破损时，不能使用控痘乳/霜；

4 使用控痘乳/霜时需配合清淡饮食，尤其是能清除血液毒素的食物，如芹菜、菠菜、芥蓝、大白菜、胡萝卜等。控痘也清血，让额头告别乌云罩顶般的黯沉问题。

洗发水普遍含有的硅灵，能把毛鳞片之间的空隙填满，造成滑顺的触觉，但由于硅灵有不溶于水的特性，额头肌肤的毛孔会被阻塞而无法呼吸，使皮肤透氧不足，毛囊堵塞造成粉刺痘痘、脱皮干燥。

你可以为额头皮肤做这样五件事

1 使用不含硅灵（dimethicone）及石化成分的洗发水。护发素基本都含硅灵，要避免涂在头皮处。

2 硅灵能使发质显著提升，较适合干燥发质及卷发。若使用的定型产品含较多的硅灵，一定要避免接触到脸部皮肤。

3 氨基酸天然温和不伤毛囊，含氨基酸的洗发水对额头肌肤和头皮肌肤都好。

4 洗发时最好先把头皮和额头肌肤打湿，避免碱性洗发水刺激毛囊。洗发后再洗脸，只要遵守这个顺序就能保护额头"生态平衡"。

5 长期使用美发产品，尤其是染发和烫发的人，无法避免洗发产品和定型产品对肌肤的影响，可考虑长期配合有净肤效果的水及洁面品，把清透、过滤、净肤升级为护肤第一要任。

额头肌肤没人关注？你错了！额头肌肤占去面部1/3的面积，会首先吸引他人的目光。

摸起来粗糙？这是因为额头肌肤的真皮层比较薄，由于真皮层是肌肤的储水库和营养库，狭窄的仓库围积不下那么多的水分和营养，肌肤自我修复的能力就略显差一些。为使额头肌肤光滑，给予一些外力帮助是必要的。如果你掌握不了磨砂的力度，可以考虑作用力轻微一些的去角质产品。

额头肌肤去角质贴士

1 市面上一些品牌的做法是将有效成分添至洗面产品，使得去角质产品变得可以每天使用，不需要像磨砂产品一样斟酌次数；

2 使用去角质洗颜产品时，你需要比平时多一倍的水，充分起泡，切忌干洗；

3 去完角质后记住给皮肤补充类似皮肤油脂的成分，例如甘油、玻尿酸与神经酰胺（又称分子钉）等。

防晒抗痘
解决问题

夏日肌肤告急，
对有疼痛感知的肌肤护理

疼痛是身体警示疾病的强烈信号，它把我们的注意力吸引到我们机体受到侵扰的部位上去。同理，疼痛也是我们发现面部肌肤危机的信号。

许多人感知不出面部疼痛就有这样一个错误的认识：脸不痛=没有问题。实际上面部的疼痛是要自己发觉、试探得出的。我们的观点是：测探面部痛感，用疼痛去感知肌肤问题，治痛就能收获完美肌肤。

痛感 **酸** 所代表的肌肤问题

运动过度时身体就会"酸","酸"永远是和运动联系在一起的,对于脸部肌肉来说也同理。

酸痛,预示咬肌和脸型出现问题

用无名指和中指给两边咬肌(腮部那块较硬的肌肉)用力摁下去,你会发现两边的酸痛感是不一样的,一定会有较强烈的一侧。这证明了你有过度使用某侧咬肌的情况,而较酸痛的那一侧也是脸部轮廓较方、棱角较分明的一侧。

女孩不痛这样做

知道哪边咬肌出了问题,应该避免这一侧咀嚼食物,把咀嚼习惯调整过来;

哪边比较酸痛就经常按摩哪边脸。"酸"的感觉在中医的角度上看是一种气血不畅的表现,应该多按摩耳朵后面和太阳穴的位置,刺激气血循环,脸就不容易肿了。

痛感 **胀** 所代表的肌肤问题

"酸"是运动过度的表现,相反的,"胀"是休息不足的表现。睡不好眼睛易胀痛,睡姿不对脸部易肿胀,这一切的"不足",表现就是胀痛的感觉。

胀痛,是因为肌肤缺少按摩

几乎每个女孩早上起床都有"胀"的困扰:眼睛胀胀的,头也胀胀的,如果因为休息不足,太阳穴两边也是痛胀不堪。不能不说"胀"的克星是按摩,几乎每个护肤颇具心得的女生都有自己的一套按摩方法。

女孩不痛这样做

感觉脸部哪里比较胀,可以用热水泡过的汤匙或者热毛巾敷,物理的方法永远是奏效的;

每天细心感觉一下自己容易胀的部位,多用神奇二指(无名指和中指)按压,次数不限,直到胀的感觉缓解为止。

Lesson 3 了解"肿"所代表的肌肤问题

痛感 肿

所代表的肌肤问题

"肿"是"胀"的加剧版，一般脸部出现浮肿，就证明了水分开始在皮下淤积。一般而言，表皮层越薄、越脆弱的地方就特别容易浮肿，比如眼周和泪沟区，这种情况就类似一张薄膜抵挡不住内力而隆起。

肿，预示面部"排水"出现问题

排解面部水分，防止水肿，不是"睡前尽量不喝水"那么简单。排水工程对一座城市来说是一个庞大的系统，对人的面部也是一样的。用这个概念去理解，眼肿就不是单纯眼睛的问题。

如果仅仅只是黑眼圈眼肿，说明肾虚并且排水功能不是很好。但是你再发现下肢浮肿，那就是肾的功能特差，必须督促自己去注意肾脏的问题。

女孩不痛这样做

用神奇二指（中指和无名指）揉按颧骨下方的凹陷处，经常面肿的人会觉得非常酸痛，但能促进面部消肿；

眼部消肿的方法，可以用神奇二指从眼头下方轻轻向太阳穴推动，感觉推动了眼底的脂肪，这样做能快速消除眼肿。

Lesson 4 了解"烧灼感"所代表的肌肤问题

痛感 烧灼感

所代表的肌肤问题

一般而言，脸部皮肤是很少出现烧灼感的，它的出现证明激素出现了问题。由于爱美之心求快求好的心态，激素化妆品无处不在，导致了过滥使用的肌肤会发生激素性皮炎。这种激素性皮炎看起来和严重的痘痘痤疮没什么区别，但是手一碰就生疼，就像被虫子的毒刺扎伤一样。

烧灼感，预示激素正在肆虐

怎么判断自己使用的化妆品属于激素过重的产品？除了搜索官方发布的化妆品检测报告黑名单之外，还有一个简单的判断方法：如果它能让你一夜之间肌肤状态明显改善，停用皮肤居然会痒，闻起来有过香或者过刺鼻的气味，那么你的化妆品有可能添加了过量的激素。

女孩不痛这样做

不要买激素性产品，尤其是现在淘宝风靡的一些"私家秘方"和"自配护肤品"，出品没有标明成分，也没有统一包装，只有几个简单的白瓶子白罐子，声称是秘方的要特别谨慎；

选择不含激素的有机护肤品牌，例如Kiehl's、FANCL、NUXE、L'OCCITANE等，它们有的对你来说可能略贵了一些，可购买水、乳、霜三类即可，不仅遵从了时下极热的极简护肤风，也省了银子。

使用爽肤水之后的"刺痛"

擦化妆水后脸的两边有刺痛的感觉，是什么缘故？这存在两种可能：一是皮肤已经受到创伤，有很小的创面你看不到，因此一旦用了有刺激成分的化妆水会有刺痛的感觉；二是可能是你的皮肤重度缺水，肌肤产生一些小裂痕，化妆水碰到裂痕就会刺痛。

红血丝的"痛"

面部有红血丝，洗脸的时候有点涩痛，并且风吹过还会干痛？这是角质层受创的表现。这证明了你的洗面奶或者其他去角质产品存在清洁力过强的问题，你的红血丝正在加重，如果不使用修复皮脂膜和角质层的产品，红血丝就很难根除。

疼痛的痘痘

太痛的痘痘不要挤，痘痘的疼痛表示这颗痘痘正在发炎，挤破的话会导致脓液外流，感染会蔓延。

风吹过脸的"刺痛"

这是脸部油脂不足的表现。有的MM为了防止自己长脂肪粒，极力地避免使用高油脂成分的产品。实际上，在干冷的天气里只要成分优，高油脂产品能避免皮肤受损。倘若为了避免长脂肪粒，回到室内时马上洗去即可，可换涂油脂不那么重的乳液。

化妆后的"痛痒感"

涂护肤品时还好好的，一旦上妆皮肤就痛痒不止。这是你所选的化妆品，尤其是粉底含过量的激素和刺激化学成分的缘故。这时你需要及时更换粉底，并在粉底前做好保湿工作。买粉底所需要的花费，在比例上应该占所有化妆品总和的大半，选择质优安全的粉底液最好。

短暂+长时间接触阳光的
防晒方法

　　肌肤从面对日晒的那一刻起就在经历一个不断损耗的过程，所以在出门之前，我们必须根据接触日晒的时间长短，选择"防御工事"的高度、坚度和硬度。一瓶防晒霜用一个夏天的人最好尽快改变这种做法。

为什么每个女孩都需要至少两瓶防晒品?

一瓶防晒霜用一个夏天?别开玩笑了!可是绝大部分的女孩都这样做。

我们不妨假想一下和烈日的种种遭遇战,不外乎需要长时间接触太阳的户外活动、旅行出游,以及只需要和太阳打个照面的上班上学。太高的防晒指数显然不适合短时间接触日晒;防御太低又让人惴惴不安。两全其美的解决之道就是准备两瓶防晒,各司其职。

第一瓶

旅行出游

注重高倍数、防水、超强的紫外线防御能力

第二瓶

上班上学

注重SPF和PA值适中,pH值恰当不伤肌肤,水润质地,抗油零油光

涂抹防晒品正确的做法应该是先把产品点到脸的各处,然后用轻轻拍打的方式,使防晒粉体更有效地聚合,形成防晒墙。但是流动性比较大的防晒露这样涂就不太方便,可以先推开再不断地加量拍打上去。

Q&A 为什么涂抹防晒产品普遍要拍打而不用别的方式?

错误的方式	犯错的原因
像涂乳液一样在脸上画圈	有些物理防晒品的分子颗粒大,如果用一般的打圈方式涂到脸上,容易搓泥。
用粉底刷或者手指快速地在脸上推开	皮肤干燥脱皮的人容易卡粉,长痘的话也会使防晒粉体嵌在痘痘周围,这个方法只适合防晒露/液。
先在手背上调匀再涂到脸上	化学防晒的避光剂能与皮肤产生瞬时的结合效果,先涂在手背上反而减少了防晒作用。有的物理防晒品采用的是扁平的物理防晒粉体颗粒,涂在手背上时已经迅速和肌肤贴合,还没涂到脸上就已经消耗过半了。

适用于：
- 长时间在没有遮挡物的情况下接触日晒；
- 高温炎热、需要旷日持久地接触阳光的情况；
- 遭遇汗水、油脂分泌重重袭击的皮肤；
- 外出旅行、户外运动、在充满水和扬沙环境中活动。

涂抹高倍防水防晒品的秘诀

涂抹高倍防晒品之前，最好先用隔离乳打底，减少高倍数防晒品稍厚重的粉感对皮肤造成负担；

以拍打的方式上防晒品，尤其是物理防晒品将会得到更有效的发挥；

一次性涂抹太多的防晒品很难做到均匀薄透，第一次涂抹干透后再涂抹第二或第三层，每层用量少一些，更薄透，也有助你达到防晒效果的要求；

如果是易出汗的体质，最好随身携带防晒品，采用隔时补涂的方式，一般是隔两小时补涂一次。

出门流汗如何补涂防晒产品？

3

重新上防晒霜，也是以轻轻拍打的方式使它附着在皮肤上；

4

最后扫少许干粉，减少面部油光，让补防晒霜后的脸部干净自然。

补涂前先用清洁湿巾或者湿水的化妆棉，卸掉肌肤上被氧化和污染的那层防晒霜；

不能局部卸妆也可以用一块海绵，湿润后轻轻将结块斑驳的粉膏推开均匀；

和阳光短暂接触的防晒方法

上班、读书一族，阳光短暂接触，可选低防晒指数、防水型的防晒产品。

适用于：
■ 不需要长时间接触日晒的、两点一线的活动轨迹；
■ 每次日晒不超过10分钟，但是发现肌肤出现高温炙烤而变黑的情况；
■ 有建筑物和树木遮挡，偶尔接触太阳的上班、上学路上；
■ 工作和学习的地方有开阔的窗口，每天都有一段时间被日晒接触。

上班族、读书族短时接触阳光如何使用防晒品

NO！无视防晒需要，要选敏选信息防雨指数的产品

YES！短暂接触阳光一般需要SPF在20以上、PA+的防晒品就可以了，皮肤容易过敏的人还可以在这个基础上略减。

NO！为避免出汗，选择防水型的防晒产品

YES！防水型的产品更容易让皮肤产生闷热感，涂抹的时候留出发际边缘，能减少出汗的不适感觉。

NO！每天都使用大量的防晒品，以最大限度地防晒

YES！为了能给肌肤留出自由呼吸的空间，如果只是短暂接触阳光可以在容易晒黑的地方重点涂抹，例如额头和颧骨处。其他地方可以借助遮阳伞、帽子来完善防晒，减少肌肤的负担。

NO！脸用防晒品和身体用防晒品不作区分

YES！脸用防晒可以选择质地细腻、水润质感比较强的产品，而身体防晒品可以选择防晒指数较高、特别标注"沐浴乳也可卸除"的产品最好。脸用和身体用互相区分开来，不仅更省钱，而且更注重术有专攻。

出门流汗如何补涂防晒产品？

早上起床如果脸不是太油，用清水洗脸即可，保持脸上恰当的油脂会让防晒产品服帖性更好；

算好防晒乳液起作用的时间，最少要提前半小时让它们早早地在脸上就绪；

涂好防晒品后别忙化妆，喷点水再上粉底液，两种粉体就不易结块和斑驳了；

往脸上使用一些干粉不仅能消除油光，而且能延长防晒乳液的留存时间，对防晒时间的延长很有帮助。

晒后肌肤如何正确缓解

被晒黑晒伤后，你的做法是什么？先脱掉泳衣在冷水下好好地冲刷一下，还是晚上迫不及待地用一片含酸性成分的美白面膜？如果你要这样去缓解，还不如放任不管。学习如何正确缓解晒后肌肤，为夏日肌肤的每一分白皙做最大限度的挽留。

你正在用无效的缓解方式对待晒后肌肤吗?

用无效的缓解方式对暴晒后的肌肤,是徒劳无益的。

❌ 无效的缓解1

用冰水冲被晒伤的肌肤会导致大范围脱皮

晒伤的肌肤表面发烫,许多人用冰水冲或者拿存放在冰箱里的护肤品来冰敷,这样的做法很危险。角质细胞因高温活跃,骤然冷却后角质就会断裂,如同掉进冷水里的热玻璃,这样的缓解会导致皮肤更严重的脱皮。

❌ 无效的缓解2

用凝结式的产品来做缓解

涂到脸上会凝结的面膜不适合用来修复,哪怕它一开始总是表现得很水润。凝结式的面膜会收紧皮肤,失水后的拉力会使原本受损的角质脱落,加剧脱皮。

❌ 无效的缓解3

不卸防晒霜就喷镇静喷雾等于无效缓解

不卸防晒霜怎么缓解都没用。首先是物理防晒成分,以氧化锌为例子,虽然现在的研磨工艺已经飞速进步,但是仍然会造成毛孔堵塞;常见的化学吸光剂二苯酮类等已经被证实会使肌肤破损和粗糙。

❌ 无效的缓解4

敷含酸性的美白面膜会刺激皮肤长斑

肌肤状态不稳定就不能使用呈酸性的美白成分,它们不仅不能抑制黑色素的产生,还会使肌肤的炎症加剧,刺激肌肤长斑。最常用的酸性美白成分有果酸、水杨酸、维他命C或是其衍生物等。

❌ 无效的缓解5

用抗菌护肤品缓解晒后瘙痒

大多数人被严重晒伤后都会觉得痒,于是免不了把"痒"和"有菌"形成关联,所以特别青睐含抗菌配方的产品,例如抑菌的中草药和纯植物等。晒后为什么会发痒?这是一种急性日光炎症的表现,和细菌无关,只要降低肌肤的敏感性,瘙痒就会消失。

❌ 无效的缓解6

用缩小毛孔的护肤品缓解会导致皮肤过干

"缺水的毛孔在烈日下扩张出油"、"毛孔粗大惨不忍睹"……你是不是也曾被这些绘声绘色的流言蛊惑?实际上被晒伤的皮肤毛孔不一定就是张开的,马上就用缩小毛孔的产品会导致肌肤失去恰到好处的、润养的油分,会过干脱皮。

这样做才称得上"缓解"

许多人认为缓解肌肤最好的方法就是补水，实际上缓解不只是补水那么简单。

降温

夏天大多数的皮肤问题可依靠降温来抑制发展的态势，例如晒红、晒伤和过敏，只要利用喷雾等具有冷却效果的护肤品，就能减少严重的程度；

补水

肌肤细胞的自行修复离不开水，为皮肤补充可吸收的水分，补充流失的细胞液；

修复

日晒使细胞大批死去，肌肤内细胞链接发生断裂，因此需要发挥胶水作用的修复成分（例如神经胺酰、玻尿酸等），使细胞新生，让链接重新串联起来，肌肤才会光滑。

1分钟就能掌握的各种应急缓解方法

晒红

马上使用专业的晒后喷雾缓解，夜间清洁肌肤后，适当地补充油包水质地的修复乳，保护肌肤，第二天就可以基本褪红。

Sunozon敏感肌肤晒后舒缓修复乳

NYR芦荟晒后镇定喷雾

晒黑

当你意识到肌肤将要被晒黑，就要马上用具有冷却效果的产品抑制皮肤温度升得过高。夜间再使用阻断性美白成分（如麹酸、熊果素等）的产品，阻断黑色素生成。

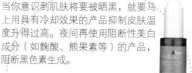

Coppertone水宝宝多用途晒后修复缓解冰凉芦荟胶

牛尔NARUKO绿花茶树雪耳控油净化精华液

Kose Nature&Co娜蔻薄荷净茶清新喷雾

红血丝爆发

不要用热水洗脸，需要把皮肤的温度控制在较低的水平。用抑制血管扩张的成分，夜间凉意十足时局部用在红血丝患处。

Skin Food芹菜柳橙缓解修复精华素

皮肤应激过敏

只用成分简单的化妆水做基础保湿即可。如果觉得肌肤过干，可使用极少量的护肤油。不用乳和霜，是为了最大程度地避免表面活性剂。

Fancl纯植物精华油

Jurlique茱莉蔻洋甘菊花卉水

干痒

单纯补水没有用，水分在肌肤的留存时间毕竟是有限的，凝胶和啫喱状的留存时间较长，并且能持续释放水分，干痒过度时可以厚擦，超过3个小时必须水洗。

水之天使玫瑰美白保湿凝胶

Dr.Ci.Labo城野医生水凝胶原芦荟啫喱

肌肤十万火急，只有水才是救星么？有一些肌肤出现紧急状况，单靠水是不行的。水、胶、精华、乳和油，都有各自的缓解作用和疗愈特点。

 水

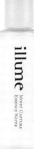

illume伊奈美水肌液
胜在瞬间起效，适合缺水性的任何紧急状况。但如果你仍然停留在高温环境，水的作用就会变得很有限了。

胶

Banana Boat香蕉船芦荟晒后修复舒缓凝胶
具有缓释功能，能缓缓释放水分，并且能包裹住舒缓修复成分，持续发挥效果。干性皮肤的所有晒后问题都推荐用胶类舒缓品。

Dr. Hauschka德国世家薰衣草润肤油
能促进肌肤细胞新生，在肌肤脱皮后露出新的角质层的阶段，用一点护肤油很有帮助。没有油分的滋润，新长出来的肌肤很容易长斑和干燥。

油

乳

 精华

Avene雅漾长效舒缓保湿精华液
针对性较强，由于属于浓缩性的保养品，在晒伤初期不推荐使用。在炎症消失之后，精华液就能发挥强大的殿后效果。

Burt's Bees小蜜蜂芦荟晒后修复舒缓保湿乳
能补充恰到好处的油分，晒伤后的肌肤是缺水并且缺油的，适合严重晒伤的肌肤在夜间或者空调环境内使用。

chapter

3

autumn skin

秋季护肤
修复滋润 养足资本

第一片落叶告诉你，肌肤迎来了一年之中最重要的滋养季。
在夏季损耗的营养，必须在秋季给予修复和补充。
你是否也听到了肌肤的心声，迅速行动起来？
充分补水、适时舒敏、适当滋润和积极修复，秋季肌肤智慧美人都这么做。

修复滋润
养足资本

秋季缺水OR缺油肌肤护理法

皮肤保养讲究平衡，我们常说的"水油平衡"就是一种很重要的平衡关系。而肌肤缺水和缺油又都具有强烈的迷惑性，它们的特征有时候大同小异，会导致你变成缺水补油、缺油却补了水的糊涂虫。因此正确判断肌肤究竟缺水还是缺油，对于我们的日常保养来说非常重要。

油性肌肤不一定就不缺油，它油脂过旺分泌，却缺少了健康的油脂；而干性皮肤不一定因为缺水而干，有时候外油内干也相当棘手。无论你是哪种肌肤类型，都可以在下面这个表内发现，肌肤根源到底是缺了什么。

缺水	缺水肌肤的几种常见表现

1.使用深层清洁产品会感到刺痛；

2.对酒精异常敏感；

3.容易过敏，但是只要用点补水型的喷雾就能无药而愈；

4.所长的痘痘和粉刺都是干瘪形态，不像其他人的痘痘和粉刺有很多颗粒大的油脂栓塞物和透明的晶体等；

5.洗脸后不立刻用化妆水就会出油；

6.接触阳光和显示器的屏幕光有面部潮红现象。

缺油	缺油肌肤的几种常见表现

1.水无法建立抗氧化的肌肤外墙，皮肤容易变黄的人多半缺健康的油脂；

2.使用隔离霜、防晒霜等粉体比例比较高的产品时，皮肤会随着时间的变长有紧绷感、干燥感；

3.容易脱妆、掉粉；

4.夏天易出油的部位到了冬天，反而是肌肤状况最好的部位；

5.用了卸妆油，发现比用卸妆水/啫喱等更令自己的皮肤感到平衡舒适；

6.皮肤补再多的水还是干燥难耐。

 判断肤质必须在洗脸3小时后才会准

不要在刚洗完脸就判断肤质。肌肤当下的状况，可能只是洗面奶处理过的效果。当然也不要在起床后判断，因为经过睡眠，肌肤的状况都会略好一些。

最准确的做法是，洗脸后3个小时进行判断，不要用吸油纸，而是用手指去触摸自己的皮肤，判断是干性还是油性。

缺水肌肤的六大护肤重点

我们的目标： 不再动不动就过敏，痘痘粉刺不再顽固，使用新牌子新产品不容易感到刺痛不适。

Method 1：清洁

常识重温：使用能保护皮脂膜的产品

因为令肌肤保持柔软的是角质层的含水量，所以当你用含水量高的洁面产品时，皮肤特别柔软。如果有一款洁面产品让你的肌肤紧绷不适，那么这款产品极有可能在破坏你的皮脂膜。

重点牢记：
★缺水肌肤不能使用碱性洁面皂；
★洁面品接触皮肤时间不能太长，卸妆25秒必须冲水，洁面也在20秒内冲水；
★别常常做磨砂去角质，毛巾就可以代替磨砂。

诗留美屋40% 水润
保显洁面膏

PANNA AHA果酸柔嫩保湿
洁净泡沫洗颜

Method 2：卸妆

常识重温：带妆睡觉会影响细胞正常机能

以油卸油的卸妆油会使干性皮肤上的健康油脂被洗掉吗？这是一个误区。事实上优质的卸妆油可以使一些对皮肤有好处的植物油、矿物油停留在肌肤表面，形成保水层；但是劣质的卸妆油只会留下合成脂（人工混合油脂），损害皮肤。因此我们有必要按妆的浓度交替更换卸妆品，避免人工混合油脂在脸上停留，有时候兼具卸妆功能的洁面乳也相当管用。

重点牢记：
★按摩的作用是让卸妆产品更均匀，不要过度按摩，这对彻底卸妆并没有大大的帮助；
★在洗澡的时候卸妆并没什么奇怪的，但这样做通常会让过高的水温伤害皮肤；
★如果有化妆习惯，必须一周进行一次深层清洁，不让毛孔里囤积粉质颗粒合纵连横，形成缺水纹。

Method 3：补水

常识重温：化妆水的基本作用就是浸润角质

一瓶好的化妆水，必须是干性或者油性皮肤的使用者都交口称赞的。因为化妆水的基本作用就是浸润角质，起到浇灌的作用，而收缩毛孔、控痘、紧致才是它锦上添花的一些附加功能。缺水肌肤在挑选化妆水时一定要选择弱酸性、低刺激的，基于上述原因，最好它适用所有肤质。

重点牢记：
★别担心化妆棉会摩擦角质细胞，实际上它能带走影响吸收的坏家伙；
★使用化妆水时，一定不要吝惜用量，因为充分足量使用才能使化妆水发挥效果。

肌研极润保湿化妆水

Method 4：导入

常识重温：缺水性肌肤不要大意跟风导入型产品

酒精是一种重要的导入剂，很多有效成分要依靠它才能被肌肤吸收，因此市面上使用酒精作为导入成分的导入产品并不少见，缺水性肌肤应该谨慎。假如你是消化不良的大旱型肌肤，可以考虑前导型化妆水或者更容易吸收的美容液。

重点牢记：

★当肌肤遇到吸收瓶颈时，提升所用产品的精纯度是奏效的（并不意味着越昂贵的产品吸收力越好）；

★当导入型产品接触皮肤产生明显的温变时（微热、热后冰凉等），就说明它含有酒精成分，长期使用对皮肤并不好。

牛尔娜露可
NARUKO d'lux森
玫瑰雪耳水立方保
湿化妆水

Method 5：滋养

常识重温：缺水性皮肤做面膜的频率可以比别人更高一些

无论品牌如何夸大，面膜增加的只是水润的短暂效果，而勤敷面膜的确管用，是因为水分补充及时，并达到一定频率，肌肤表面的相对湿度增加，所以对干性皮肤有所改善。因此缺水性皮肤做面膜的频率可以比别人更高一些。

重点牢记：

★含水杨酸、果酸成分的面膜不能经常使用；

★无论这片面膜有无光敏成分，都要避免在揭开面膜后就出门，饱含水分的肌肤比干燥的肌肤更容易被晒伤；

★使用面膜后不要用洗面奶，不喜欢黏腻感的话可以用清水。

相宜本草四倍
蚕丝凝白面膜

Skin Food 莴苣
黄瓜喷雾

Method 6：及时补湿

常识重温：补湿用喷雾最好，把干燥扼杀在小火苗阶段

缺水是一个积少成多的过程，肌肤浅程度的干燥如果没有重视，当干燥度到达峰值时，即使你及时补水了，肌肤也会过敏。这就不难解释，为什么有人在夏季回家洗脸后会出现两颊潮红、红血丝加剧、皮肤粗糙的现象，这就是干燥度到达峰值时补水为时已晚的证据。

重点牢记：

★不是问题肌肤不要随意使用矿泉喷雾；

★肌肤的求救信号未必是干燥、紧绷或者出现纹路，皮肤黯沉就应该是缺水的表现了；

★用对了喷雾，皮肤会看起来白一些，这并不是瓶子里有某种神秘的美白成分在暗中相助，而是成分与肤质匹配了，肌肤角质层代谢得到调理的结果。

Lesson 4 缺油肌肤六大护肤重点

我们的目标: 使用比较干的粉底时不容易脱妆、肌肤有光泽、延缓皱纹出现的时间。

Method 1: 清洁

错解纠正: 不要动不动就去油

我们都有清洁强迫症,所以在挑选洁面产品时,总被"去油性强"、"无油干净"这样的字眼左右。实际上缺油肌肤适合用一些比较滋润的洁面产品,它们在经水洗后留下的天然植物油脂,能让皮肤更好。

记忆重点:
★乳木果油与人体皮脂分泌油脂的各项指标最为接近,也含丰富的非皂化成分,尤其适合缺油性肌肤;
★如果你的皮肤很薄又属于缺油型肌肤,可以考虑用更滋润一些的洁面产品;
★肌肤本身分泌出来的油脂是健康的,只是被氧化后破坏了酸碱度,所以洁面产品最好都是弱酸性的。

Clarins娇韵诗乳木果洁肤皂

Method 2: 保湿

错解纠正: 不要用清洁型化妆水,不会过度去油的氨基酸化妆水才是首选

化妆水都有二度清洁的功能,倘若通过添加去油成分,放大了清洁功效,这种化妆水反而不利于肌肤健康。氨基酸是一种亲水又不会过度去油的成分,它的去油性固然比不上皂基,但是对油脂"有所保留"的优良禀性,非常适合敏感缺水缺油的皮肤。

记忆重点:
★用完化妆水不要隔太久才用乳液,否则肌肤变干了,你会不自觉地增加乳液的用量;
★把化妆水和乳液混合使用是一个很实用的让肌肤水油平衡的方法;
★晚上就不用化妆水了?错!夜间正是毛孔呼吸的时段,毛孔内外如果有适当的湿度,会帮助脏污排除。

DHC鲜果保湿化妆水

Method 3: 滋润

错解纠正: 不要因害怕油腻放弃滋润产品

肌肤缺油但是确实害怕油腻感,是很多人放弃滋润产品的原因。实际上,滋润产品的形态不仅仅是厚重的霜和乳,更接近液态的精华乳也能起到不错的滋润效果,至少它会让你没那么抗拒。

记忆重点:
★只补水不滋润的肌肤老得快,在霜、乳液、精华乳、精华液中至少要选择一种作为日常的滋润产品;
★接触新的滋润产品时,要从少慢慢增多地用,这样可以避免肌肤不适应新的油脂成分,长出脂肪粒。

Skin Food 黄金鱼子酱胶原蛋白精华乳

明色润泽保湿乳液

Method 4：保湿
错解纠正：没必要每天都用乳液

在专柜店员的洗脑下，我们会坚定地认为乳液和化妆水是秤不离砣的绝配关系，实际上没必要每天都使用乳液。乳液是一种液态霜类化妆品，发挥的是调湿效果，当你今天打算用含水量和滋润度都比较高的隔离霜或者BB霜时，乳液有可能成为让肌肤增加负担的"夹层"。所以对于爱长痘、长脂肪粒的肤质来说，乳液应当是肌肤没有最外层保湿屏障时才需要用的。

记忆重点：
★ 当你觉得用完化妆水已经足够滋润，于是想控制乳液用量时，可以采纳用霜的手法：在手掌里揉搓均匀，轻轻拍按到脸上。
★ 皮肤怕黏？不能单独用乳液？可以把它和隔离乳、BB霜、粉底液等混合，当然比例得要你自己摸索，直到调出最令肌肤舒适的比例。

Method 5：补油
错解纠正：补油不要选在肌肤最缺水的时候

肌肤缺油，水就要蒸发。所以在刚洗完脸，或者做完补水面膜后及时补油才能锦上添花。给肌肤补什么油也非常讲究，纯正的植物油是首选，当然你还必须熟悉该种植物油的特性是否能和自己皮肤的症结对上号。

记忆重点：
★ 夜间用重油性的护肤品吸收效果会比较好；
★ 第二天观察自己的出油量，如果鼻头、额头等处泛油光，则应该减少用量；
★ 缺油性皮肤如果能补充正确的油脂，皮肤会比从前更有光泽，而且明显减少脱妆现象。

L'Occitane欧舒丹
纯乳木果油

Method 6：红血丝
错解纠正：肌肤出现红血丝不一定都靠补水，而是要走重建屏障的路子

太阳一晒，或者卸妆油刚刚洗掉，两颊就出现红血丝。这证明你的皮肤在外界刺激源前已经没有抵抗能力，必须重筑屏障。患有红血丝的人，除了慎选镇静产品，修护型油脂类的产品对她而言也至关重要。

记忆重点：
★ 无论是强调何种功能，修护霜都应该是只用在局部的；
★ 当你正在用某种修复产品时，要注意避免用到去油力过强的洁面产品，因为脸上自然分泌的油脂对肌肤本身也有疗愈作用；
★ 修复产品需早晚两次使用，肌肤状态比较不稳定的中午和下午不要使用。

Freeplus芙丽芳丝抗
红保湿修护霜

缺水、敏感、秋燥，应对换季三种肌肤状况

进入秋季，缺水、敏感、秋燥成为这个多事之秋的三大麻烦。如何解决这些常见的换季问题？除了更换秋冬季适用的护肤品，更多的是更新自己的护肤知识。换季换得好，能给秋冬的肌肤状况打下良好的基础，这才是重视换季的意义所在。

换季肌肤状况1——换季缺水

 一句话
了解换季补水

夏季补水 角质更新速度相对较快，为抗晒做准备，侧重保湿，选择保湿性能好的化妆水；

换季补水 角质更新速度由快渐慢，侧重美白，选择温和、美白效果好的化妆水。

换季的缺水魔咒在你身上应验了吗？

- T字区在夏天没有出油问题，但是这时，洗脸后T字区开始紧绷；
- 夏天一直都很好用的爽肤水，这时用会产生小刺痛；
- 肌肤不挑食，含酒精的爽肤水现在用居然过敏了；
- 角质最薄的地方（唇周和眼周）已开始出现干纹。

记住它们，烦恼少了，换季"缩短"

 多种灌溉方式相结合

换季补水贵在勤快，哪怕你使用的只是一瓶普普通通的化妆水。"多种灌溉方式相结合"指的是：洗脸后的补水用化妆棉擦拭，等于二次清洁；睡前用喷洒的方式用到脸上，等于给角质细胞灌输新生营养；也可以在粉底液中滴1~2滴化妆水，增加粉底液的滋润度。这样，一种营养就有了多种吸收方式。

 换季特征明显时段做好防护

什么是"换季特征明显时段"？它指的是一天中，换季特征最明显的几个小时，分别是飞沙扬尘的中午（天气干燥且略热）、骤然变冷的傍晚（气温忽然降低）。中午出门尽量涂抹防晒霜，有必要可打伞；进入夜间，敏感皮肤少用过冷或者过热的水洗脸，敏感皮肤外出可选择佩戴口罩。

 换季补水最好搭配抗氧化效果

角质更新的速度合理，肌肤才会明亮。而换季正好又是角质更新减慢，或者说调整步伐的时候，肌肤会略显黯沉。因此挑选补水成分也可以顺便关注一下其抗氧化的效果。

SANA豆乳极白美肌水

Lesson 2 换季肌肤状况2——换季敏感

夏季敏感 多表现为肌肤对光照的不适反应，日晒后一段时间就可减退，侧重镇静；

换季敏感 多表现为肌肤对天气变换的不适应，秋意渐浓时就会消失，侧重皮脂膜的修护。

换季的敏感魔咒在你身上应验了吗？

■ 洗脸后脸部出现红疹和红斑，特别是你所处的城市水质偏硬时；

■ 身体皮肤对洗涤用品（洗衣粉、洗衣液等）开始有敏感反应；

■ 卸妆更容易过敏，矿物油激发了肌肤的不耐性；

■ 对这样的天气特别敏感——下午突然的艳阳高照，温度升高时，肌肤出现泛红和红血丝爆发。

这样做可以减少换季的敏感

Freeplus芙丽芳丝柔肤
保湿参透液

 应避免这些刺激性成分

（尤其要注意排在成分表最前面的有没有下列成分）
■ 酒精和醇类（甲醇、苯甲醇、异丙醇、SD乙醇等）
■ 月桂醇硫酸酯钠
■ 山金车
■ 丁香酚
■ 芳樟醇
■ 杜鹃花酸

 敏感皮肤要注意"适合所有皮肤"的护肤品

很多标有"适合所有皮肤"的护肤品对敏感肌就一定好吗？护肤品标示"适合所有皮肤"，只是提供皮肤最基础的保养，没有突出的成分，对敏感肌肤来说或许不功不过，也无法改善敏感皮肤的症结。

 别让你的肌肤误会：又回到了夏季

换季的不稳定大多来源于肌肤对天气的不适应，加强户外锻炼，让肌肤适应季节变迁，有利改变敏感性皮肤。在生活习惯上，要避免肌肤误会：现在还是夏季。除了不能使用热水洗脸，避免蒸脸、使用蒸汽眼罩和发热面膜、蒸桑拿等，还要避免频繁使用能加速血液流动速度的成分，如咖啡因、红酒多酚、瓜拿纳和红花萃取成分等。

Lesson 3　换季肌肤状况3——换季干燥

一句话
了解换季干燥

夏季干燥 炎热的夏季使肌肤中的水分持续蒸发，属于失水性干燥；

换季干燥 皮肤还没有及时调节到迎接秋冬季节的状态，皮脂分泌不足，天气一旦变干，就无法留住水分，属于脱水性干燥。

换季的干燥魔咒在你身上应验了吗？

■ 用霜和纯油性的产品觉得油腻，用乳液恰好；

■ 用BB霜和粉底液（与夏天所用的为同一瓶）更容易搓泥；

■ 角质最薄的地方（唇周、眉上和上眼皮）最先出现脱皮现象；

■ 毛孔中的角栓物（黑色脏污）呈现干枯、萎缩的状态，不容易挤出，甚至用撕拉型面膜也不容易去除。

选择你的第一瓶乳液就像第一任男友那么重要

入秋购买第一瓶乳液，让很多人都无从下手。滋润度应该比常用的精华液略高，可考虑与现用精华液同一系列的乳液；另外油性、敏感性皮肤的人可以选择夏天适用的乳液，外油内干的人这样用并不违背"秋天不能用夏天护肤品"的原则。

 换季干燥适时滋润

在秋天的时候，滋润不一定是24小时的，例如上午和夜间，以及当你进入有空调的场所时必须坚持脸上有日霜保护。

 晚霜临危上阵

初秋的肌肤需要营养，这是维持角质细胞饱满的一个重要因素。试一试晚霜吧，人的皮肤在夜间易接纳较油腻的成分，油脂分泌量少，也不会出现油上加油的黏腻感。

TONYMOLY魔法森林Dear Me亲爱的我水油平衡乳液

这样做在换季的时候不明智

 用夏天的方式洗脸

夏天的按摩指法多在T区停留，多采用泡沫型洗面奶，而在初秋，这些都要改变——不需要多按摩T区和两颊，少用泡沫型洗面奶，使用量应该是平时的一半。

 更换护肤品不讲谋略

也许你常常听到这样的建议：在换季时千万别急着更换护肤品。换季可以更换护肤品，原则是一定从涂抹顺序最外层开始换起，可以放心更换的是BB霜、日霜、乳液，谨慎更换（或者说能不换就不换）的是精华液和爽肤水，等天气和肌肤状况都稳定时再更换。

 彩妆品在一年四季都一样

夏天用的彩妆品舍不得丢掉要赶快用完？错了。夏季的彩妆品一般都具有控油效果，当空气中湿度不足时，这样的妆面不仅没有办法阻止水分流失，反而还会吸收皮肤上的水分。

魔法点亮秋季五种面部黯沉

人的面部会因骨骼构造或者肌肉分布而形成天生的阴影区，但由于保养不当或者休息不好，也会有后天阴影区的形成。眼眶阴影区、下巴黯沉区、太阳穴阴影区、眉间阴影区和鼻侧阴影区是面部五大阴影区，要让肌肤绽放亮白光彩，通过保养手段，让光线照进这里。

面部黯沉区1：眼眶阴影区

平时很注重眼睛的保养，为什么眼周总是有咖啡色的眼圈？除了黑眼圈以外，我们还要防眼部疲劳积累而成的阴影，以及静脉血淤积形成的阴影。

眼部疲劳过度也会形成阴影区
眼睛疲劳的时候，眼压升高，眼球充血，静脉血和水分都会涌向眼部。如果眼周肌肉得不到放松就会形成静脉血的回流阻碍，造成色素沉淀和皮下静脉血的淤积，长期如此就会出现阴影区。

每天眼睛都很累的人要这样做

眼睛微张的时候眼皮是最放松的，用无名指和中指从眼袋开始推动静脉血回流到太阳穴；

觉得眼睛累的时候，用中指和无名指按压眼袋下方的承泣穴；

将中指和无名指张开一点的角度，轻柔地从上下眼皮的中间向太阳穴按摩；

每次用眼疲劳过后，取热毛巾离眼部10厘米的距离熏眼1分钟，利用蒸汽促进眼部循环；

眼部常感疲劳的话，要多采用精华质感的眼部美白产品，以清爽的少油分质地促进眼周吸收。

好手！
横扫阴影区

DHC水嫩眼膜

Aqualabel水之印赋能滢活
眼部修护精华液

The Body Shop芦荟舒缓眼部精华

Sofina芯美颜防皱滋润修护膜

面部黯沉区2：下巴黯沉区

　　不知道为什么下巴总是像长了胡子似的黑乎乎的，痘痘好了痘疤还在，下巴永远是黑的……这样下去非常危险！观察脸部的皮肤状况，下巴绝对不是省心的地儿，不仅特别容易长"饮食痘"和油性粉刺，青春期长的面部绒毛和堆积的角质都会形成"黑下巴"。另外，唇周的一些色素沉淀也会同流合污，让下巴的肤况每况愈下。

去角质、去痘疤、除粉刺、褪色素，下巴阴影成因一举歼灭

去角质

每次洁面之前，可用美白化妆水混合白砂糖画圈打磨下巴的凹陷处，借助白砂糖的多棱角面去除下巴上的角质和封闭型的黑头粉刺。

DHC卡姆活力
亮白化妆水

去痘疤

每次在唇周涂抹祛痘产品时一定要先把唇周的油分洗干净，一天三次，长痘的地方皮脂代谢旺盛，每次补涂最好都要做一些皮肤表面的清洁。

相宜本草金缕梅
消痘修护精华素

除粉刺

去掉粉刺上面被氧化的皮脂膜就不易产生大颗粉刺，因此下巴容易长粉刺的人，在秋天要用带有一些皮脂溶解能力的产品。每次在下巴按摩稍长一点的时间给予成分发挥效用。

Uriage依泉
舒敏洁肤啫喱

褪色素

在秋天也不要停止用护唇膏，尤其是唇周有色素沉淀的人，可以用具有更新肤质的唇膏治愈唇周到下巴的黯沉。

Smith's玫瑰
花蕾膏

Lesson 3 面部黯沉区3：太阳穴阴影区

太阳穴的阴影成因分天生和后天。有些人因为颞部天生比较凹陷，不够丰满，所以才产生阴影；后天的原因也有可能是压力大、肝火旺，或者痘疤未消除，都会导致太阳穴黯沉。太阳穴如果出现阴影，这个人看上去一定非常苍老憔悴。一旦阴影爬上太阳穴，一定要赶紧行动起来。

按摩颜面神经，消除情绪性黑面

额头和太阳穴周围布满了掌管面部肌肉的颜面神经，常常抚触颜面神经不但能消解压力，还能促进脸部的血液循环，消除压力性黯沉。

3 闭上眼睛，用中指和无名指提眉，两边同时提拉眉尾20次，调节颜面神经的紧张度；

1 两手的掌心相对，用中指和无名指揉按太阳穴3分钟左右，直至头皮放松；

2 伸开五只手指，从眼角的鬓角处向头发深处梳，指腹梳头30次；

4 捏住耳垂，向上提30次，促进面部的血液循环。

好手！
横扫阴影区

Afu阿芙玫瑰面部按摩香膏

Fancl保湿按摩霜

珂芮姿净颜按摩膏

Innisfree悦诗风吟红酒温和去角质水珠按摩霜

面部黯沉区4：眉间阴影区

眉心发黑不是倒霉征兆，而是眉心痘、精神紧张所致。眉心有黯沉，揭示了心脏和肾脏的血液循环出现问题，提醒我们要注意保护心脏和肾脏。另外按摩眉心可以帮助消除黑眼圈，可见眉心和我们面部的美丽之间有多么大的关系。

三步确保眉心明亮照人

眉心若是发亮透出白皙，脸色也会光彩照人。平时疏于照料的眉心肤质，你需要特别的关护手法。

1 定期用修眉刀剃去眉心的杂毛，让眉心的肤色明亮也便于观察；

2 眉心如果长痘，一定不能大意，不要挤，洗脸的时候要用带有去角质效果的洁面产品重点清洁；

城野医生蒟蒻洁颜粉天然洁净粒子

相宜本草红景天幼白抗氧化修颜乳

3 眉心黯沉可以用修颜乳遮盖，不要用质地油腻的遮瑕膏遮盖，避免长眉心痘。

简单按摩，消除眉心阴影区

先使用具有醒肤效果的产品再按摩，提振精神之余，排解让皮肤变差的负面情绪。

用力按压眉心，促进眼部代谢，同时放松眉心的肌肉；

Afu阿芙薰衣草面部醒肤水

用手指按压眉心对应的发际处，能有效提拉脸皮，紧致面部，消除眉心皱纹和阴影。

Lesson 5

面部黯沉区5：鼻侧阴影区

鼻子周围总是黑乎乎的一团？斑点、痘痘和粉刺齐来搅局的场面真难堪。我们平时要注意避免一些影响鼻部外貌的不良习惯，这才是逐步缩小阴影区的好办法。

不良习惯留下鼻侧阴影

■ 粉刺用手挤来清除，弄伤外皮，肌肤自愈留下色素沉淀；
■ 痘印不及时清退，变成褐色印记；
■ 两颊频冒粉刺，不及时清除，撑出椭圆形状、极难修复的老化型毛孔，远远看上去就是一片麻点；
■ 鼻梁两旁的晒伤色斑没有得到及时修复，出现大块斑区。

不要一鼻子灰，鼻部一扫阴影区

1 定期去除鼻周的粉刺，使用鼻贴，不要用手去挤；

2 对付有色素沉淀的毛孔和粉刺，可以用单张棉片，用美白化妆水湿敷15分钟，做好局部美白工作；

3

鼻子周围易出现晒斑，为了防止斑点出现由小到大、由点变面的变化，一定要同步使用防晒和美白精华乳，可以以一早一晚的搭配方式做足修复。

好手！
横扫阴影区

佰草集悦风舒润柔肤露

DHC水润滋养化妆水

Maybelline美宝莲
精致细白精准祛斑修正乳

Skin Food黑糖光采
磨砂洁面泡沫

肌肤伤害，
把握秋季黄金修复期

　　肌肤修复也存在过期不予的铁律，只要在黄金修复期内修复就能还原，错过了，就只能眼睁睁地看着它永成定局，覆水难收。晒黑、晒伤、痘疤、斑点和过敏是五种常见的夏天肌肤伤害，在秋季及时修复就有可能完美还原。

Lesson | 晒伤：黄金修复期2小时

你该拿个主意：

　　如果皮肤在经日晒后出现弥漫性的红斑，自觉皮肤有灼痛或刺痛感，严重的话出现水疱，这样就可以基本判断为肌肤已经被晒伤了。

为什么是2小时？

　　皮肤被晒伤到底有多惨烈？表皮的角朊细胞大片融合性坏死，真皮浅层血管扩张，如果不及时修复，坏死的细胞就会形成脱皮，而血管扩张后黑色素就会滞留在肌肤表面，严重的话细胞液会渗出，形成我们看到的水疱。

　　然而这些变化都来源于温度的改变，不超过3小时就会形成定局，因此在2小时内把温度降下来，肌肤就少受一点伤害。

2小时内不惊慌

降温！
使用能迅速降低皮肤温度的喷洒型护肤品

直接在脸上喷水，温度虽然也能下降，但是皮肤表皮的温度马上就会升高。选择含保湿成分的喷雾，建立肌肤外部屏障，让太阳的加温作用多一层阻隔，温度自然不会上升得那么快了。

修复！
使用能修复角朊细胞的精华液

角朊细胞死亡，肌肤不能形成新的角质细胞，旧的角质脱皮代谢掉了，没有新角质接力，肌肤就会脆弱不堪。2小时内尽量使用一些成分温和的精华液，重点涂抹晒伤处，玻尿酸、神经酰胺都能有助肌肤进行修复。

2小时内**你会需要的**

Freeplus芙丽芳丝柔肤
保湿渗透液

Avene雅漾舒护活泉水

Skin Food莴苣黄瓜
水嫩随身喷雾

Uriage依泉活肤喷雾

2 Lesson 晒黑：黄金修复期是28天

你该拿个主意：

当肌肤出现大面积的潮红，在肌肤深层用肉眼隐约可见类似红疹的红斑时，就可以断定在接触太阳后的3~4天就会变黑。

为什么黄金修复期是28天？

28天是一个皮肤新陈代谢的周期，因个人体质不同会有一些差异。

肌肤如果在身形平衡、饮食睡眠都合理的情况下，1周就会慢慢开始改变，4周就会基本回复到未受伤害的样子。

28天内不惊慌

 治愈！
治愈日晒在皮肤留下的伤害

肌肤晒黑要以治愈晒伤为首要任务，因为即使要美白皮肤，也要至少等到发红状况消失之后才能使用美白产品。发红=肌肤内存在发炎，晒黑后1周内最好配合专业晒后产品，先治愈肌肤的发红状况。

 阻断！
使用阻断性美白成分帮助肌肤返白

发红消失后的这段时间最适合用阻断性美白成分，阻断黑色素的生成，对一些浅层斑也有不错的淡化效果。如麴酸、熊果素、桑白皮等成分，它们可以抑制络氨酸酶反应，络氨酸酶是黑色素生成的原料，阻断它的反应，就不会产生太多的黑色素了。

推荐！
28天内**你会需要的**

Aqua Sprina雅呵雅丝
睿晒后呵肤液

Olay玉兰油水感透白沁亮源液

DHC美白面膜

牛尔NARUKO爱慕可
水仙全效修护晚安冻膜

Lesson 3 过敏：黄金修复期是48小时

你该拿个主意：

皮肤出现久久不褪的红斑，感觉皮肤外表粗糙、瘙痒，严重的会伴有红肿干屑、疤，这样就可以基本判断皮肤过敏了。

为什么黄金修复期是48小时？

所有的过敏反应不只是皮肤出现问题，大部分是因为自身免疫力低和脏器的功能不全，如果是饮食、天气和花粉等过敏源引起的过敏，48个小时内脏器经过两天的代谢，如果能将其对肌体的影响代谢出去就会很快消失。

48小时内我们对皮肤所做的处理是为了让皮肤的状况看起来尽量好一些，抑制浅表血管过分扩张。

48小时内不惊慌

 舒敏！
日常保湿工作不能停

皮肤过敏，即使你打算将一切护肤步骤删繁就简，日常保湿还是不能停，除非你对化妆水里面的保湿剂过敏。一瓶具有保湿作用的敏感皮肤专用水可以让你度过过敏期。当然，让皮肤拥有恰到好处的湿度，也有利角质代谢尽快地回复到正常的状态。

 湿敷！
击退过敏后遗症

当皮肤的发炎症状消退，角质层薄的人会出现较显眼的红血丝，它们极其危险。大部分经常皮肤过敏的人会留下红血丝浅表的后遗症，久而久之就形成了红血丝皮肤。经常过敏的人要给自己选择一款温和舒缓的面膜，在过敏的后期（皮肤没有破口）舒缓红血丝。

推荐！
48小时内你会需要的

Burt's Bees小蜜蜂翡翠面膜土

MUJI敏感肌化妆水

Shiseido保湿专
科化妆水

我的美丽日记法兰西天使
百合柔白面膜

Lesson 4 晒斑：黄金修复期是两周

你该拿个主意：

皮肤有过严重或者频繁日晒的不良记录，晒斑首先会是淡红色、鲜红色或者深红色的块状潮红，然后褪红后出现比芝麻略大的、呈分散细碎状态的棕色浅斑，这就是晒斑了。

为什么黄金修复期是两周？

晒斑首先产生于基底层，凝结成团的黑色素就会随着细胞的生长向皮肤的外层推移，如果角质细胞堆积过厚，黑色素代谢不畅就会被堵在角质层内，于是才形成了斑。

两周的时间，黑色素的步伐就能从基底层走向角质层，这个时段内一定要把重点放在色素淡化上。

两周内不惊慌

 淡化！
持续借助美白成分淡化黑色素

在晒斑还没有变成棕色的时候最适合进行密集型美白，因为晒斑具有密集成片的特征，针对特定部位用美白化妆水湿敷，就能有效抑制晒斑转变为棕色的固定斑。

 提亮！
光泽度好的肌肤看不出斑

刚被晒出晒斑的初期，肌肤的一大表现就是特别黯沉，注意：黯沉区就是斑点出现区，在这个地方可以在日间使用具有提亮效果的护肤品，强化肌肤的光泽度，肉眼上看对于晒斑的淡化，具有不错的效果。

两周内**你会需要的**

AFU阿芙玫瑰面部活肤精华

Aupres欧珀莱亮肤水

肌研白润美白化妆水

相宜本草红景天幼白精华乳

Lesson 5 痘疤：黄金修复期是3个月

你该拿个主意：
痘疤可以分成色斑（即痘印）及疤痕（凹陷或凸起）两种，前者属于色素沉淀，后者属于暂时性的假性疤痕。

为什么黄金修复期是3个月？
痘印虽然也属于色素沉淀，但是因为常常伴随着发炎的症状，所以痊愈的时间会比一般色素沉淀长，大概在3~6个月之间。

凹凸的痘疤则是因为真皮组织已经受到损伤，所以皮肤要恢复平滑如常，也至少需要3个月的时间。

3个月内不惊慌

 代谢！
每日坚持不懈的辅助代谢清洁

要去痘印，使用具有汰换角质效果的酸性护肤品恐怕会对受伤的真皮组织有损，痘印和痘疤常常又是一起出现，很难兼顾，只有使用代谢效果比较温和的产品，从每日清洁入手，慢慢淡化色素和软化起伏不平的角质层。只要做到每日坚持，效果会相当显著。

 强攻！
使用淡化疤痕的特殊护肤品

当疤痕处再没长出新的痘痘，皮肤也没有破损，就可以考虑使用特别的淡化疤痕的产品。尽量选用温和的植物配方，以避免对刚脱痂的痘疤产生二重刺激。淡化疤痕的护肤品对形成1个月左右的新疤比较奏效，痘疤一旦变硬了，效果就会递减。

3个月内**你会需要的**

PANNA AHA果酸柔嫩保湿洁净泡沫洗颜

Burt's Bees小蜜蜂草本战痘露

嘉丝肤缇细嫩修护精华液

相宜本草红景天幼白爽肤水

女孩不"甜" 肌肤抗糖化

　　在赞美女孩的形容词里，"像糖一样甜"就是褒奖吗？实际上，皮肤如果糖化了，就容易衰老，变得松弛和产生皱纹，比氧化更可怕。专家的建议是，从18岁开始就可以考虑"抗糖化"问题了，女孩不"甜"的肌肤，才是最完美的肌肤状态。

Lesson 1　用一碗饭来解释"糖化"

简单来说，一碗白饭放的时间长了就会变得又黄又硬，这就是一种糖化现象。肌肤里的胶原蛋白如果被代谢不掉的糖给缠上，就会发生糖化，变得僵硬泛黄甚至断裂，反映到肌肤上就是皱纹。

Lesson 2　糖化了的肌肤有多可怕

它会像麦芽糖一样易脆

糖分是人体的体液和皮肤所必需的营养成分，到了一定的年龄，人体的新陈代谢开始变慢，糖分过剩，就会与体内的蛋白质相结合，这样，皮肤的蛋白质就会变硬变脆。这种现象就叫做"糖化"。

它和太妃糖一样呈现出黯黄的颜色

糖化蛋白质在真皮中积存，皮肤就会变得越来越黯黄。俗称的"黄脸婆"不单单是"氧化"的产物，凶手还有"糖化"。如果你发现用了一段时间的美白产品仍然不起效，或者发现自己极难变白，就要考虑皮肤是不是已经被糖化的问题。

它会令胶原蛋白僵硬失效

糖化了的肌肤首先会表现在胶原蛋白的硬化，就像使用过久的床垫弹簧一般失去弹性。如果你不想补进去的胶原蛋白白白牺牲，那么一定要阻止肌肤糖化。

Lesson 3　为了抗糖化，答应肌肤这六件事

第一件事
当发现自己的肌肤变黄时，第一个念头应该想到抗氧化和抗糖化，然后才是美白；

第二件事
含氨基酸和胶原蛋白的护肤品都能抗糖化，选择产品的时候有的放矢；

第三件事
精神压力大，肌肤就容易被糖化，要善于舒解自己的坏情绪，郁闷时刻可以使用洋甘菊、薰衣草等舒缓情绪的成分；

第四件事
不会按摩的女孩子千万别照搬网络上的方法，你可以多多轻轻拍打肌肤，拍打是去糖化的重要步骤，这样能软化僵硬的胶原蛋白纤维；

第五件事
尽量用化妆棉擦爽肤水，目的是为了去除皮肤上的废旧角质，少用化学去角质产品；

第六件事
在自己的整套护肤装备中准备一款能抗糖化的护肤品。

NYR玫瑰抗氧化面膜
大部分抗氧化的产品都能帮助抗糖化，强效有机玫瑰抗氧化成分，帮助糖化了的皮肤细胞新生。

格兰玛弗兰米亚亮肤面膜
含澳洲坚果、牛油树脂、椰子油等多种有效成分，能改善肤色、减少糖化肌肤的黯沉现象。

Naris娜丽丝优物语丽铂美润肌面霜
辅酶Q10被称为"肌肤的动力之源"，可以促进新陈代谢，调节肌肤再生周期正常运行。

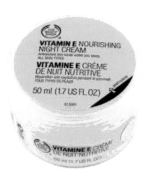

The Body Shop美体小铺维生素E营养晚霜
抗糖化一定要准备一款含维E的晚霜，肝在睡觉的时候代谢糖，使用晚霜帮助非常大。

娜蔻纯皙靓白净萃精华液
含各种能活化肌肤、抗糖化的成分，如有机黄瓜果提取物、迷迭香叶提取物等，美白保湿多方奏效。

不吃甜食就可以抗糖化？
　　肌肤糖化和吃甜的东西有直接联系吗？
　　没错！发生糖分过剩的原因，有一部分是因为饮食上的糖过剩了，糖多就引起了糖化。
　　建议女生吃糖别吃"复合糖"，例如高甜糖果、甜味饮料，改吃"低碳糖"——甜水果、有营养的甜品等，少吃身体代谢不了的糖。食物料理的方式对于维持健康及肌肤年轻也是非常关键的，炭烤、焦糖或高温烘焙也会造成醣化作用，要优先选择用生食、水煮或炖煮的方式来料理食物。

你要记住：炭烤、焦糖或高温烘焙食物易吃出糖化肌肤。

肌肤抗糖化产品推荐

怎么把皮肤中的糖代谢掉?

肝脏是身体里代谢糖的脏器,"肝好皮肤就好",这点是绝对没有错的。我们抱怨皮肤黯黄不好看,殊不知也是自己拖了它的后腿。首先,睡眠不足大大降低了肝脏的工作效率,多余的糖积存体内;再次,减肥也伤肝,肝功能主要是造血及分解毒物,长期节食会造成肝细胞营养不良,当然会对肝有伤害。

要把皮肤中的糖代谢掉,关键还在于恢复肝的工作效率。养肝,你要做的事其实不少:睡眠最少得保持7小时,减肥节食时最好同时吃一些造血食物(黑豆、发菜、胡萝卜、菠菜、金针菜、龙眼肉等)。

你要记住:睡眠足,不熬夜,少吃含蛋白质高的肉。

肌肤怎么才能抗糖化?

18岁,我们开始注意防晒美白,多吃维生素C的东西抗氧化,实际上那个年纪我们也应该开始关注抗糖化。美白有维C,而抗糖化绝对要靠B_1。在体内,维生素B_1是以辅酶形式参与糖的分解代谢的,缺乏维生素B_1的人普遍在年纪很小的时候就已经近视,所以近视的女孩子要特别关注肌肤糖化,因为你的肌肤有可能比其他人更容易黯黄。

每天可适量补充维生素B_1片,一次1~2片,一天三次。麦胚芽、猪腿肉、大豆、花生、里脊肉、黑米都是B_1的来源。

吃发酵食物居然对皮肤好?没错!蒸馒头、做面包时用酵母发酵,酵母菌有合成维生素B_1的作用,酵母中维生素B_1含量又很高,可以通过发酵过程提高面团中维生素B_1的含量。在发酵过程中,其他B族维生素的含量也会有所提高。

你要记住:每天最少吃一种含有维生素B_1的食物。

我准备了好多好多的胶原蛋白抗糖化

糖化的目标是肌肤中的胶原蛋白,如果把它们比成一兵一卒的话,为了对抗糖化,壮大胶原蛋白军队才是王道!当皮肤中胶原蛋白充足时,即使有一部分因为被糖化而损耗,也不会产生严重的肌肤问题,肌肤仍然是年轻水润的。

擦的:及早使用含胶原蛋白的护肤品,为了让肌肤吸收它们,一定要搭配按摩,因为按摩才能刺激肌肤里面胶原蛋白的再生,从外补到内养。

吃的:胶原蛋白能否被肠道吸收要看分子量,一般而言分子量越大越好,而分子量在1000道尔顿左右的基本能被肠道吸收,1000算是一道及格线。但是市面上的胶原蛋白,品质偏高的基本都能达到800道尔顿左右,平时肠胃吸收能力好的MM可以考虑。而肠胃吸收能力差的人就要多方入手了,胶原蛋白冲剂、饮料和一些食补都要有选择地同时进行,18岁

你就可以做这些了。

你要记住:18岁开始准备胶原蛋白。

chapter

4

winter skin

冬季护肤

活化滋养 储存营养

难以留住肌肤水分，你的盛情被这寒冷干燥的天气无情拒绝？
冬季的肌肤正是蓄养的最佳时机。你的保湿做到了第几层？
防寒级护肤品是否和你的羽绒服一样被重视？
提高肌肤在冬季的战斗力，你责无旁贷。

你的保湿在第几层?

保湿,要做到字面上的意思不难实现,但是如果要从皮肤层级结构去理解,保湿就不是那么简单了。总觉得肌肤已经使用了很多补水滋润的产品,却总是干燥,那是因为你的保湿只在第一层——角质细胞的保湿。要做到全面保湿,应该深入至第二层——基底层。

你的肌肤需要哪个层级的保湿工作?

观察这些肌肤状况,判断你的肌肤究竟需要浅层保湿即可,还是更为细致的深层保湿。

保湿层级	浅层保湿	深层保湿
肌肤状况	笑起来皮肤上有干纹,但都可以用手撑开	在脸部没有表情的前提下,也有静态纹
	用爽肤水湿敷面部,就可以基本缓解面部干燥	保养程序中必不可少的总是精华液,没有它缓解不了肌肤干燥
	洗脸后1~2小时才会感觉紧绷干燥	洗脸后5~10分钟就会立马感到紧绷干燥
	肌肤很少脱皮,只在鼻部有少许皮屑	面部经常脱皮,而且多现于脸颊、额头和唇周
	一般面霜就足以满足冬季的滋润需求	需要含有重度油脂的面霜才可以缓解冬季干燥
	涂抹乳霜类护肤品,一天一次基本就不会感觉干燥	上午涂抹乳霜类护肤品,下午基本就开始感觉干燥

保湿要对症下药

浅层保湿和深层保湿各有所需

 不缺水皮肤不能进行深层保湿

肌肤保湿不能一味追求深层,应该根据肌肤的状况,确定保湿的深度。

一般而言,补水成分必须配合油脂成分才能达到理想的保湿效果。保湿和油脂是密不可分的,如果肌肤本身并不缺水却进行着一系列的深层滋养,那么等待它的也许是脂肪粒和更严重的出油。

 深度缺水肌肤不能靠浅层保湿缓解

水分流失、干燥,只是肌肤缺水的一种表象,光靠不间断的补水是没有用的,这就是我们随时随地使用补水喷雾却感觉干燥的原因。

给肌肤补水,并不能修复细胞间质,水分子无论有多细,它能达到的肌肤深度终究是有限的。只有甘油、卵磷脂、神经酰胺、透明质酸这些成分才能让皮肤细胞更紧密,锁住水分,避免流失。

3 浅层保湿：角质细胞的保湿

平日所做的这些护肤行为都属于浅层保湿：

■ 不定时地给肌肤使用保湿喷雾；

■ 使用15分钟的补水面膜；

■ 坚持不用热水和冰水洗脸，不随意使用蒸汽机熏脸；

■ 化妆前使用普通的保湿妆前水；

■ 使用的护肤品中多含这些成分：天然保湿因子NMF、水解胶原蛋白、矿泉水有机因子、海藻精华等。这些都属于比较常见的浅层保湿成分。

冬季肌肤如何做好浅层保湿

适合：油性、混合偏油、中性肌肤

白天

1 选择适合自己的水

水，不一定就是安全的。研究指出，水分同样可以分解皮肤的皮脂膜，崩解肌肤保护层，甚至和表面活性剂导致的皮脂膜分解情形是一模一样的。因此挑选爽肤水要注意酸碱度，每日使用的要挑选无刺激性的产品，最好通过临床和病理验证。

2 选择适合自己的面霜

冬季干燥的寒风会蒸发停留在脸上的水分，唯一剩下的就是油脂成分。如果这些成分油性不佳，不仅不能保湿，还会使肌肤出现"外油内干"的假象，得不偿失。拒绝含有肉豆蔻酯异丙酯、鲸蜡硬脂醇、合成羊毛脂、棕榈醇的乳霜，选择水包油质地的产品。

3 勤能补拙，适时补水

建议无论使用了什么产品，中午最好做一次清洁，化了妆的必须卸妆，然后再依照水、精华液、乳、油的顺序重新涂抹。在涂抹了所有产品的前提下，补水并不一定能使水分子进入到皮肤里，目的是在一定程度上缓解干燥，减少空气对乳霜中所含水分的蒸发。

夜间

1 精华液要选择能和细胞"沟通"的成分

新生细胞的锁水能力强大，因此要维持皮肤细胞不断生长。而维生素A正是这样一种能和细胞沟通、帮助正常细胞产生的成分，适合用在夜间，深层修复角质层细胞。

2 为自己选一瓶晚霜

经验证明，护肤程序中增加一道晚霜，能大大缓解白天的干燥。如果你觉得白天所用的日霜已经足够滋润了，仍然无力阻止干燥，可以考虑增加一瓶晚霜。

3 利用夜间密集补水

夜晚的蒸发量少、空气湿度相对较大，人待在室内也没有寒风侵袭，最适合调理肌肤。凝露、胶状、啫喱、慕斯这四种类型的护肤品最适合夜间使用。

4 深层保湿：基底层的保湿

平日所做的这些护肤行为都属于深层保湿：

- 定期使用导入液，并配合精华液；
- 每日使用基底液；
- 定期使用焕肤霜，并且非常注意肌肤的去角质工作；
- 喜欢安瓶、原液、精油等较为精纯的护肤品类型；
- 使用的护肤品中多含这些成分：分子钉、精氨酸、五胜肽、六胜肽、寡胜肽等。这些都属于比较常见的深层保湿成分。

冬季肌肤如何做好深层保湿

适合：干性、混合偏干、敏感肌肤

白天

1 多层保湿有诀窍

比较干冷的天气我们都会一层一层地抹护肤品，既能叠加又可以保持清爽是有秘诀的。

爽肤水、精华液、乳液和日霜层叠涂抹的时候，量一定要少，薄量均匀涂抹，每层保养都做足1/4的功课就是满分的保湿程序了。

2 防晒有助保湿

冬季即使找不到适合自己的防晒霜，也要尽可能使用隔离乳。

采用物理防晒微粒的膏体，能和肌肤刚好的乳液、日霜相融合，能产生类似混凝土般的凝结效果，尤其是矿物防晒成分，能阻止空气从皮肤上抢走水分。

3 不能适应"油"就选择"胶"

皮肤极度干燥的人可能会求助美容油，同时也可能会遇到长脂肪粒、过敏的麻烦。实际上如果冬天的肌肤已经感到发痒，又不能适应油，可以选择胶质的乳液或者霜。胶质使水分不易散失，又有比较好的成膜性，可以满足怕油的保湿需求。

夜间

1 有计划地使用果酸成分

讨论最多的去角质成分，就是果酸。许多人担心太刺激，所使用的果酸浓度总徘徊在1%~4%的低浓度。实际上真正起作用的是和水混合后未解离的自由酸，可想而知，真正起作用的酸性成分实在是少得可怜，如果没有持续使用，起不到汰换角质的作用。

2 高浓度保湿精华液

皮肤极干，可以在夜间使用纯度高的精华液。密集性的保养能在一夜之间迅速缓解干燥。

使用的时候注意做好皮肤清洁，洗完脸后立即使用，不一定需要加上化妆水，眼周会长脂肪粒的话注意避开眼周。

3 皮肤极度干燥时可考虑升级自己的护肤品

仅仅用现阶段的保湿品已不能满足保湿需求时，你需要升级你的护肤品，升级至含有丝胺酸、神经酰胺、乳糖酸等更为高级的保湿成分，它们有助于细胞再生，是当下最热门的保湿成分。

深层滋养，认识肌底液

似乎是在一夜之间，"肌底液"这个全新概念红遍大江南北，众多品牌仿佛只要推出肌底液就能大卖。肌底液推崇"基因护理"，能从细胞着手改变人的皮肤状况。但是基底液真是适合所有人吗？基因护理是否真有如此神奇？

了解肌底液

换一种比喻让你理解肌底液

肌底液也叫基底液，顾名思义就是作用于肌肤基底层的精华液。现在让我们数一数，肌肤的表皮层，第1层为角质层，第2层为基底层，第3层为颗粒层，第2层的细胞不断分裂逐渐向上推挤，才能形成第1层我们完美的肌肤表皮。

肌底液等于是一种"机油"，它的作用是提高第2层细胞的分裂速度和推挤力，挑动它们向第1层推挤，细胞越是不安分，肌肤越是崭新幼嫩。

肌底液常常被误解是导入液和妆前乳

常常被误解是导入液

所有的肌底液都有促进后续保养品吸收的效果，它的使用顺序是：洁面、肌底液、精华液、乳液及其他。导入液一般是"后导"的，而肌底液都是起前导的作用。当然，你也可以在任意的步骤中插入肌底液，因为它们大多采用了既亲水又亲油的成分，和各种成分的协力力都不错。

常常被误解是妆前乳

涂抹了肌底液后，马上就能获得毛孔平滑、肌肤表面变平的效果，这和肌底液含有硅灵（dimethicone）是分不开的，硅灵能得到又滑又清爽的用后感，因此肌底液在一定程度上确实是一瓶更高智能的妆前乳。

肌底液使用方法

1 肌底液可以当眼部精华使用，取一滴肌底液，从最柔嫩的眼底部位开始，向眼尾滑去；

2 舒展表情纹，从下往上轻轻推开，感觉纹路得到舒展；

3 取一滴肌底液，用无名指和中指从笑肌下方向太阳穴滑动，提拉笑肌；

4 剪刀手舒展鱼尾纹，无名指和中指打开呈V字形，向斜上方提升；

5 最后一滴肌底液使用在额头，从中间往两边用手指的力度推开；

6 两手掌互相搓热，按压全脸，用手心的热度促进肌底液的吸收。

基底液给肌肤的三大福利

✓ **福利1：轻松突破护肤瓶颈**

　　肌肤吸收不了，胃口差的时候，我们有了导入液和导入仪，等风潮过后我们再次感到束手无策的时候，肌底液居然能让细胞更新速度加快，重新变得新鲜诱人，显然，它是一道新的"开胃菜"。

✓ **福利2：特殊时期的特殊保养**

　　女人的重要时刻值得一掷千金，很多人选择专业美容院的护理疗程，也有人选择高端品牌的密集护理系列，实际上肌底液也能提供这样的一种特殊护理。当你需要短时间"改头换脸"时，肌底液的效率是不会让你失望的。

　　年龄越大，越是觉得肌肤状况犹如摇摇欲坠的积木塔，压力大、工作忙、情绪差，一点风吹草动就能让它瞬间崩溃。我们需要挽救倦容，消除突如其来的痘痘，在生理期前后拯救蜡黄肤色，肌底液就像一瓶综合维生素，能帮助皮肤保持一个稳定的状态。

✓ **福利3：即使作息突然变化，也不会让肌肤瞬间崩溃**

肌底液的两大硬伤

硬伤1：年轻肌肤不需要广谱药

　　肌底液就像是一颗声称治咳嗽喷嚏抗病毒的广谱药，能全面解决肌肤问题，但没有专注点。如果肌肤上某一问题特别突出，例如痤疮肆虐、红血丝严重，一瓶肌底液绝对是束手无策的。

提醒：肌底液适合60分肌肤迈向100分，绝对不适合10分肌肤迈向60分，一些特殊的问题还是要用专门的产品应对。

硬伤2：贵族价格难保持续使用

　　在使用肌底液的时候，大多数的体验者表示，1周到20天内效果最好，如果要产生持续作用，一定要达到54天的使用周期。肌底液因科技含量高，在研发时投入巨大，往往价格不菲，很难保证持续使用。

提醒：肌底液都有一定的角质剥离作用，由于角质化速度太快，有的人会出现皮肤敏感阶段，并不是绝对安全的。

名媛系VS平民系肌底液大公开

名媛系肌底液

La Prairie活肤亮颜防御精华液
通过活化肌肤的SIRT1蛋白质，加强肌肤的自我保护和修复能力，延长细胞寿命，并防止早衰细胞的凋亡。

GIVENCHY纪梵希焕颜美肌精华液
一款"疫苗式"的抗老美容产品，使用六小时后，肌肤中的特殊蛋白质HSP70含量就上升了24%。

LANCOME兰蔻精华肌底液
有史以来第一款由蛋白质组学测试证明功效的产品，从保养基因开始，帮助肤色变得纯净匀亮。

平民系肌底液

调理型肌底液
LANEIGE兰芝雪融水焕能激活液
高浓缩的质感，能调理角质，能让肌肤更好地吸收后续护肤品中水分及营养的激活液。

美白型肌底液
For Beloved One宠爱之名亮白净化晶透肌底液
在基础清洁之后，为肌肤启动前导机制，代谢并平整角质，加速后续保养吸收，同时提供白皙能量。

补水型肌底液
BORGHESE贝佳斯矿物营养强效润肤剂
专注于给细胞输入营养，不论你属于何种肤质，都能使肌肤中的水分含量在数分钟内增加达200%。

修复型肌底液
Jurlique茱丽草本再生精华
蕴含强效修护草本精华，对肌肤细胞有疗愈能力，能提升肌肤水分，特别适合敏感皮肤使用。

适合低龄肤质的肌底液
佰草集新恒美紧肤精华液
适合年轻肌肤使用的肌底液，中草药精华能迅速渗透入肌底，密集修护滋养，让肌肤保持年轻光泽。

判断肌底液优劣，价格不是重要因素

很多人的做法是这样的：肌肤不吸收，那么就购买价更高更精纯的产品，一段时间后肌肤对它也食欲平平，再更换更高阶的产品。肌肤被精纯保养品"养"出了挑剔的毛病，当肌肤对保养品的接受度越来越差时，肌肤无药可愈的感受就越来越明显。

不要让过早地让精纯的保养品降低了肌肤的吸收力，天然成分的保养品和娴熟科学的手法帮助肌肤吸收才是王道。

打底型肌底液
NARUKO爱慕可水仙全效御护肌底精华液
具有保湿、活化功能的超浓缩肌底液，有强健肤质、提高肌肤吸收的能力，不添加防腐剂和香料。

防寒级护肤品，轻松应对风雪天

下雪啦，我们会穿上防寒服，但如何才能帮肌肤做出完美防御，免受天气之苦？针对寒冷的天气，什么样的护肤方式、什么样的护肤品才能称得上是防寒级？室内暖气环境里该怎么护肤……在凛冽风雪天，肌肤必须严阵以待。

风雪严寒天气会出现的皮肤状况

多出现在脸颊和嘴唇，裂隙小的话会导致出现"高原红"，即使痊愈后皮肤也是粗糙的；裂隙严重的话会出血，有明显干痛感。

由寒冷所致的末梢炎症皮肤病，是一种冬季常见的皮肤病，以暴露部位为主，例如脸颊和鼻子。严重的话会出现充血性水肿、发炎，遇热时皮肤瘙痒，尴尬且难受。

点或面的出疹、红斑和瘙痒过敏现象，这类过敏往往很难查找得到具体的致敏原因，天气转暖时就会消失。

2 风雪严寒天气的三个护肤误区

✕ 抗皱霜是风雪天气里最好的肌肤防寒品？

不少女生认为，只要使用抗皱霜就能抵御恶劣天气对肌肤的伤害，购买保养品的时候也以"抗皱"为指标。

实际上，抗皱霜只是一种有特别功效的霜，能起到延缓肌肤衰老的作用，从肌肤需求的角度来说并不适合轻龄肌肤，否则不免导致脂肪粒爆发的现象。抗皱、美白、紧致只是一种功能上的概括表达，并不意味着它的质地就适合你的肌肤。

✕ 一瓶全能日霜比一条围巾要强？

再好的防晒霜比不上一把具有遮挡紫外线作用的阳伞，在寒冷季节，这条真理同样经受得起考验。

再充分的化学防护，实际上都比不上周到的物理防护。雨雪交加的时候，每个女生都应该为自己准备一个口罩或者一条能蒙住鼻脸的围巾，它能隔绝沙尘对肌肤的影响，并且延长保养品的效果。

✕ 油性肌肤不需要润肤？

肌肤护理怠慢不得，油性肌肤在冬天的护理稍有松懈，干纹和粗糙就会造访脸蛋，甚至成为永久性的"住客"！

肌肤都有记忆性，尤其是对缺水纹和干纹的记忆，久而久之，就会变成永久性的皱纹。在冬天油性肌肤还是要润肤，可以选择水润质感稍强一些的产品。使用无油质感的啫哩、凝露、精华等，能保湿锁水而不会让肌肤窒闷。

3

Lesson

这三种肌肤状况，和雪一起发生

皱裂

　　肌肤会皱裂是因为肌肤表面覆盖的皮脂不足，这样的情况多发生在干性皮肤。另外，肌肤的第一道皱裂往往会出现在角质过厚的地方，不要以为寒风专挑最薄弱的环节侵袭，角质堆积很厚的嘴唇和脸颊反而是皱裂的首选之地。

补充肌肤天然油脂 Do and Don't

　　肌肤天然的皮脂膜是一层由皮脂腺里分泌出来的皮脂、角质细胞产生的脂质及汗液组合的，一半是水一半是油的"弱酸性膜"。在皮脂膜完好并发挥其作用的时候，皱裂和干燥是不会发生的，令人庆幸的是，皮脂膜可以进行人为的补充和修复。

DO

无论什么产品，最好选择能强化皮脂膜的成分与配方

　　补充皮脂膜，要选择与肌肤自身分泌的皮脂相似的油脂成分，例如鲨烯、乳木果油、鄂梨油等，这些都是能补充并强化皮脂膜的成分，在秋冬护品的成分里这些应该占据主导地位。

Don't

使用破坏皮脂膜的拆爆成分

　　洁面产品中埋伏着许多这样的能破坏皮脂膜的成分，例如皂基和起泡剂等碱性成分。为了保护天然皮脂，宜用不含碱性物质的膏霜型洁肤品。

Cetaphil丝塔芙润肤霜

理肤泉特安舒护滋养面霜

BIODERMA贝德玛舒妍修护滋养霜

去除厚角质 Do and Don't

　　天冷了，肌肤也像被冻住一样又干又硬，不如以前柔软好气色，一味地补水并不能缓解这一现象，需要使用特别的保养品，例如夏天的爽肤水、冬天的柔肤水。兼具保湿和去除角质的柔肤水在此时上阵无疑是雪中送炭。

DO

定期用柔肤水湿敷肌肤

　　湿敷是帮助肌肤恢复柔软最快捷的方法，浸润柔肤水的棉片能在覆盖的时候帮助肌肤提高表面温度，软化角质的同时也滋润被风吹出来的小皱裂。

Don't

使用夏天用的化妆水

　　清爽型的夏季用化妆水强调了它二次清洁的功能，对冬季肌肤而言无疑是滋润度不足的。冬季用的化妆水最好以柔肤水和紧肤水为主，这两种化妆水都有功能上的升级，都能帮助后续保养品的吸收和带有恰好的滋润度。

Maybelline美宝莲醒润瞬盈柔肤水

Avene雅漾柔润柔肤水

LANEIGE兰芝雪凝新生细肤水

肌肤出现冻红和红血丝一样属于肌肤的应激反应，在寒冷的室外或者突然进入温暖的室内，都会出现这样的情况。血液循环不畅和血管弹性不足都是冻红发生的前提，因此我们所需要构筑的防御工事，必是先派出能到达血管、强化血管的步兵！

血管强化训练 Do and Don't

DO

调兵遣将使用强化血管成分

只要记住这几个成分就可以保住肌肤在寒风中不羞脸，葡萄多酚、银杏、洋甘菊等成分具有增强皮肤及毛细血管抵抗力的功效，使用的时候配合按摩，增加血液循环。

Don't

避免肌肤受冷热刺激

在冬季严寒地区生活的女生出门尽量戴口罩或者围巾，回到居室内不要马上洗脸；暖气房的温度别调太高并时常开窗换气，让肌肤适应冷热转换的温差；不用过冷或过热的水洗脸，冰敷或热敷面膜在严寒季节最好别尝试，让肌肤更稳定些。

AVENI艾文莉萃籽活颜乳液

ZA姬芮真皙美白活肤精华霜

玉兰油新生塑颜金纯活肤乳

肌肤的过敏和天气确实有着不少关联，另外也由于冬季的食物比较滋补一些，肌肤的过敏才变得更猖狂。冬季的过敏常和红血丝伴发，在洁面后加重，肌肤紧绷和脱皮时常发生，有的还伴有瘙痒。

DHC纯橄情焕采精华油

CLARINS娇韵诗兰花面部护理油

NYR有机玫瑰面部精华油

肌肤脱敏治疗 Do and Don't

DO

未雨绸缪提前使用抗敏产品

倘若你了解自己的过敏规律，建议把脱敏的疗程放在秋天提前进行。从国内的一些寒冷地区来看，天气的转变从秋天就可见一斑，肌肤的水分线已经开始下滑，等到了隆冬，肌肤的抵抗力已经下降至最低点。因此在秋天，未雨绸缪的护养是非常重要的，可以开始使用抗敏产品。

Don't

无油护理方式

即使是油性皮肤，在冬天也不能使用无油护理方式。因嗜废食的做法只会导致肌肤衰老，在冷风面前更加不堪一击。感觉自己的肌肤重度缺水和缺油的时候，可以尝试使用美容油。这些美容油以其精纯的油脂补给皮肤的皮脂层，虽然是"油"却能起到水油平衡的作用，适合给任何肤质做睡前的护理。

活化滋养
储存营养

适合冬季干燥症的
包膜式美容法

　　拿到新的手机，很多人因为爱惜会拿去包膜，这样即使有少许刮伤也容易修复，实际上肌肤也特别需要包膜这一层保护。皮肤天生就有包膜——皮脂膜，当它的防护功能日衰时，我们要及时地学会重建肌肤天生的包膜皮脂膜，还要学会如何给肌肤包上新的人工膜，让肌肤永远封存在最美的时候。

1 了解肌肤天生的包膜——皮脂膜

皮脂膜是肌肤表面一层由皮脂蛋白、油脂、角质细胞和水分构成的脂膜。皮脂膜的厚度因人而异，这层膜也是"可生长"、"可再造"的，皮脂膜受损的话皮肤会越来越薄，外界的污染和敏感源、阳光和细菌都会比较容易入侵肌肤。

皮脂膜已损坏的5个现象

■ 无论用什么洗面产品，每次洗脸都会很疼，皮肤都感觉干涩、紧绷；

■ 面对电脑、刚卸完妆或者仅仅走出户外几分钟……肌肤总是很容易潮红；

■ 不是油性皮肤也满脸油光，饱受外干内油的困扰；

■ 用到劣质的护肤品，别人的反应是微微刺痛，而你感到的是灼痛；

■ 一旦在面部使用去角质产品，常常会出现类似表皮受损的痛感。

2 如何保护和修护肌肤天生包膜

▶ 保护第一：
如何保护皮肤包膜

护肤品中的果酸、水杨酸如果浓度过高，对皮脂膜来说等同重创，没有面疱问题的人最好不要用这些角质代谢的成分。

皮脂膜天生就有较强的防御力，不是那么容易被侵入的。激素、皂碱、表面活性剂都具有很强的穿透力，洗去皮脂膜，导致毛细血管外露，如果发现皮肤在用某种护肤品时有小刺痛一定要停止使用。

▶ 修护第二：
哪些成分能补皮脂膜？

一些优良的植物性油脂和动物性油脂都能补充皮脂膜，例如橄榄精华油、霍霍巴籽油、乳木果油、杏仁油、羊毛脂和貂油等。角鲨烯也能再造皮脂膜，因此也被公认是秋冬肌肤最需要的成分之一。

再造皮脂膜，它们来帮忙

DR.WU Q10角鲨烯修护精华液
内含高浓度角鲨烷，可加强肌肤修护，有效减少细纹。

For Beloved One宠爱之名高效抗皱角鲨精华
两种皮脂膜补品角鲨烷和神经酰胺双管齐下，修复肌肤天然屏障。

Forget-Me-Not角鲨烯滋润补水卸妆液
能温和有效地清除防水和顽固的化妆品，同时保证皮脂膜的健全与留存。

HABA鲨烷精纯美容油
99.9%精纯度的鲨烯精华油，能软化角质细胞，使肌肤达到柔软细腻的状态。

3

Lesson

冬季超简单包膜美容法

方法1：保养足部皮肤

角质软化水+乳液+保鲜膜+冰镇喷雾

冬季来临，若要避免足部皲裂和脱皮，或一次性治愈丑陋的足部皮肤，一次包膜就可以搞定。包膜促进护肤品的渗透，即使不是足部专用的保养品，也能发挥卓越的效果。

1 先在腿部皮肤上用具有角质更新作用的水类保养品，可以是柔肤水，也可以是脸部的角质软化水，达到表面湿润即可；

2 在腿上涂抹足量的、以凡士林为主要成分的乳液（可用护手霜代替），在水膜上再建一层乳膜，封锁水分；

3 腿部包膜要注意方法，要从最远离心脏的脚踝开始缠起，呈螺旋向上，稍微紧绷地缠裹，以不影响腿部正常的屈膝动作为准；

4 大腿和小腿要分段缠绕，膝盖不缠，大腿的包膜高度到距离根部10厘米就可以停止，以免影响到正常的血液循环；

5 15分钟后可以拆膜，建议用毛巾擦净，不要急于水洗。之用用具有冰镇效果的喷雾给全腿降温，形成一张无形的紧致网，有效收紧腿部线条。

方法2：紧致美白手臂

美白乳液+去角质海绵扑+保鲜膜+弹性布料+冰镇喷雾

手臂不仅容易囤积脂肪，也容易干燥脱皮，冬天的时候每周做一次紧致美白手臂包膜，消除干燥皮屑的同时，也能收紧麒麟臂。

1 先在手臂上涂上大量的美白乳液，尤其是粗黑的手肘部分，要加强涂抹；

2 油包水性质的乳液渗透后，角质被软化，此时用浸湿温水的海绵扑画圈打磨，消除手臂外侧面的角化毛孔以及手肘的粗皮老皮；

3 打磨后再涂一遍美白乳液，然后用保鲜膜包裹起来；

4 使用有弹性的布料再将手臂裹一层，可以用有弹性的美容巾，也可以用自己废弃的弹性袜，一来可以增加包膜的温度促进吸收，二来可以有助手臂纤细；

5 15分钟之后，美白乳液已经彻底吸收，之后用具有冰镇效果的喷雾给手臂降温，然后让其自然吸收即可。

包膜美容，选材很关键

裹保鲜膜能加速保养品的吸收速度，很多人都这么做。把营养包裹起来的确能强迫皮肤吸收，借助保鲜膜包裹也可以使保养品在肌肤表面快速成膜，锁水保湿的效果更持久一点。但是把要保养的地方包起来，也有许多要注意的地方，否则包膜也会成为肌肤的祸害。

75%
的人都用保鲜膜辅助保养

用保鲜膜缠四肢，涂抹瘦身产品，这个常见的举动并没有纰漏。只要注意不要使用了有毒的保鲜膜。每种保养品都有或多或少的溶剂，确保有效成分溶解到载体（水或乳）里。因为溶剂也能将保鲜膜中有害人体的成分溶出，所以一定要当心选择安全的保鲜膜。

Point!

PVC保鲜膜中有害物质对人体影响较大，加热后危害更大，可致内分泌失调、不育和癌症。选购的时候要看好安全标志，认准健康的PE膜。

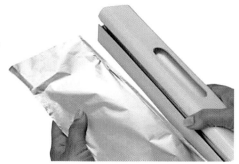

25%
的人尝试过用铝箔纸包裹帮助去角质

坊间不少人使用铝箔纸包裹身体，以为这样能去角质。实际上铝箔纸本身没有去角质的效果，而是因为铝容易和酸（大部分去角质产品都含酸）产生反应，所以能产生貌似加倍的功效。铝和酸的化合产生物对人体有大危害，一定不能使用铝箔纸来包裹身体。

Point!

锡箔纸、铝箔纸都不适合用来包裹身体。保养中的酸性物质会把锡箔纸或铝箔纸的锡、铝析出，被人体吸收后，会造成锡、铝中毒。

了解最错误的包膜方式

 错误：全身包裹

　　包括一些不正规的美容院都有这样的做法：全身用美容绷带包裹长达几个小时。这样的做法是完全错误的。身体长时间包裹在湿度大、温度低的环境中，没有外皮与外部温度进行信息交换，失去调节的体温就会逐渐降低，继而新陈代谢放慢，丝毫没有起到保养皮肤的作用。

 错误：像用医用绷带包扎伤口那样包扎

　　用保鲜膜包裹时，松紧度一定要确保能放下一只手指。特别是缠腹部、臀部和大腿这三个关键部位时，要用工具将保鲜膜稍微扎出几个小孔，预防不透气的保鲜膜影响毛孔的正常排气与排汗，避免产生皮肤病。

 错误：一味地使用保鲜膜

　　身体由于被保鲜膜包裹，汗液不能正常挥发，会使皮肤无法散热，容易引起湿疹、毛囊炎等皮肤病。因此不是什么皮肤都能用保鲜膜来包裹，有时候用纱布更健康。

身体各处包膜美容注意事项

身体各处	注意事项	原因
手臂	宜松不宜紧	手臂的皮下血管比腿部较浅，勒紧的话容易出现小血点。
颈部	不适合用保鲜膜，适合用纸面膜	颈部前面的皮肤的皮脂腺和汗腺的数量只有面部的三分之一，油脂分泌较少，难以保持水分，所以保水补湿都非常难。靠包膜湿敷不恰当，必须补充油质护肤品。
腰部	缠1~2层保鲜膜即可，需要扎出气孔排湿透气	腰部皮下水分多，温度升高就需要大量排湿，肾在腰部，包裹太紧也抑制肾气，对体内循环反而不好。
大腿	缠保鲜膜前先用粗盐排水	下肢较上肢易水肿，在包膜前最好先用粗盐拍打，毛巾包敷，等水分排出后，再用保鲜膜包覆。
脚跟	保鲜膜需搭配凡士林	脚跟角质层层很厚，油性成分才能软化，给脚跟包膜时要按这个顺序才有效：保养品最底层→凡士林→保鲜膜。借助凡士林的渗透包膜力，使保养品的成分渗透进顽固脚跟粗皮里。

保鲜膜和精油一块使用

"不能接触带油脂食品"，保鲜膜安全风波刮得正强的时候，你一定没少听到这样的劝告。实际上，不仅仅是食品中的油脂，精油中的油脂也会析出有害物质——氯化氢，越劣质的精油越是氯化氢的帮凶。

包膜使用含有活性分子的护肤品

用唇部护理精华的时候一定要贴一片保鲜膜在唇上，在手臂上使用美白精华也用保鲜膜缠上两圈？你可以这么做，但是一定要确认这些保养品不含活性成分。高活性的成分能析出保鲜膜中的微量元素，带入肌肤被人体吸收，即使是最安全的保鲜膜，也不耐酸和活性分子。

包膜热蒸

热的蒸汽打开了毛孔，表皮的汗液无法正常挥发，体质不好的人包膜热蒸后轻微地会发烧感冒，或者患上敏感性皮肤病。

使用有色包膜当心外源性色素沉着

瘦身绷带、美容保鲜膜、美容绷带……许多商家都试图推出颜色亮丽的款式。但是有一点必须注意，肌肤在表面湿润的时候很容易受到外源性色素的侵害，这种通过长时间、频繁接触留存的色素，机械性地进入表皮甚至真皮层，是很难通过非手术方法去除的，因此要特别当心。

包膜不当会导致器官受损

天气酷热难当的时候、饮水量不足时、运动过后都不宜用包膜美容法。包膜的地方会因持续闷热使人的皮肤散热功能下降，体内热量不能发散，热量都集聚在脏器，导致器官受损。尤其是有高血压的人，是不能进行任何一种全身性的包膜式美容/减肥法的。

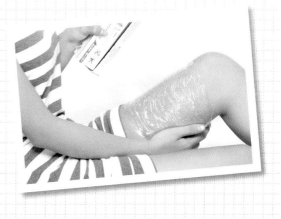

提高冬季肌肤吸收力，
冷暖温差保养法

冷暖交替护肤？老生常谈！我们要学会利用热胀冷缩的原理管理毛孔。一些成分在常温时使用效果一般，但经过降温或者加热后却能发挥加倍的效果！

有技巧地赋予产品一个恰当的温度，在产品与肌肤之间制造温差，的确能起到帮助吸收的功效。

了解温度对护肤的重要性

护肤就是一次温度起伏的过程

观察下面的进程，你会得出这样一个结论：
与其说护肤效果是由一个又一个的产品完成的，不如说是一次又一次的温度改变完成的！

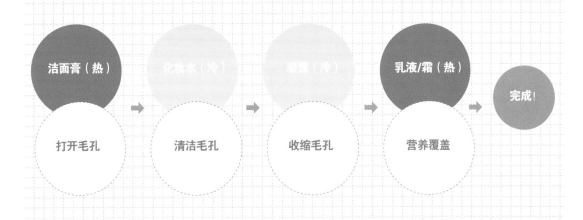

洁面膏（热） ➡ 化妆水（冷） ➡ 凝露（冷） ➡ 乳液/霜（热） ➡ 完成！

打开毛孔　　　　清洁毛孔　　　　收缩毛孔　　　　营养覆盖

护肤品遇到了对的温度才能发挥效果

就像人有恒定体温，护肤品其实也有它能发挥最佳效果的体温。

水　温度低的化妆水有帮助毛孔收缩的功效，所以使用化妆水的时候尽量用棉片，避免手温对化妆水温度的影响；

凝露/啫喱　接近水的凝露、啫喱无论具备何种功能，涂抹在皮肤上时都有降温的效果，冰冷能提高肌肤紧致度，有条件的话可以用冰箱贮存一下凝露和啫喱再使用；

膏　洁面膏应该在常温下贮存，最好在洗澡的时候用温热的手掌调水打泡，温水也能促进一些活性成分被激活。用冷水调洁面膏，效果就会有所降低；

乳　水包油的乳液应该在常温下贮存，"热"无疑能使乳液渗透的步伐更快，但记住是肌肤表面热，而不是乳液自身的升温，可以通过按摩使肌肤表面温度提高，再接着用乳液；

霜　霜在气温比较低的时候有凝结现象，这时必须用手焐一下，使活性成分解冻再用到脸上；冰冷的脸对霜的接纳力不强，敷一条温毛巾再用，你会发现霜的功效特别好。

3 温度不对，成分失效

一些成分如果在不恰当的温度下使用，反而是没有效果的。

植物油成分

 低温用：NO!

 温热用：YES!

冬天使用的乳霜、美容油多含有植物油成分，需要在掌心内预热再使用，例如月见草油、椰子油等常见植物油成分都是需要一点点人体温度的加热才能使油脂结构软化，更易吸收，这种成分也很适合热敷；另外贮藏太久的含此类油脂成分的保养品，在使用前也该经过"解冻"方法才可以用在脸上。

怎么给乳霜"解冻"？

用热水泡过的手给乳霜加温最好，假如你刚进行了一次手部护理，趁手温热的时候也给自己的脸部做一次热能SPA吧。另外，乳霜类产品禁止微波加热，微波会破坏油脂结构，并且会使乳液和霜体更干燥。

舒丹蜡菊焕颜修护精华霜
蕴含蜡菊精华成分，温热脸部肌肤再使用，能使肤色红润度、光泽度大为改善。

丝塔芙保湿润肤露
含保湿甘油和坚果油，这两个成分都是在肌肤温热的时候吸收最好。

舒丹杏仁紧致美肤油
蕴含高浓度（78%）的杏仁油，必须要借助手温的"解冻"才能发挥其深层滋养的效果。

NUXE神奇护理油
含有大量的珍贵植物油，可使用于头发、脸部、身体的滋润保湿，同样也让它热一些吧。

吸湿成分

 低温用：NO!

 温热用：YES!

例如含有玻尿酸、胶原蛋白、甘油、尿囊素这类吸湿成分的产品也应该搓热后再使用，使用过程中最好附带按摩产热，因为吸湿成分是一种对温度异常敏感的成分，冷且干燥的皮肤环境下会反而吸走皮肤上的水分，只有在温热湿润的皮肤环境下才能吸收外界的水分给皮肤补湿。

如何营造一个温热湿润的皮肤环境？

温毛巾，就是这样的一个温室大棚。冬天可以用毛巾在微波炉进行加温，在使用了含有吸湿成分的产品后，敷上1~2分钟，能使产品的黏腻感减轻，并且水嫩效果加倍。

DHC白金多元美容霜
添加了浓缩橄榄叶精华与胶原蛋白等，先敷脸再使用能引导出活力的年轻肌肤。

肤泉特安舒护滋养面霜
内含活性保湿及补充油分因子，先在手心温热几秒再用能有效呵护耐受性差的肌肤。

倩碧特效润肤露
配方与肌肤自然滋润成分如出一辙的单品需要用掌温加热，按摩也会令它的效果加倍。

4 喷、洗、敷、按摩——制造温差十八般武艺

清毛孔醒肤，使产品降温的方法

喷 喷能使肌肤表面温度瞬间下降，水雾的冲击力也能带来醒肤效果。建议肤色比较黯沉的女生多使用喷雾型护肤品。

洗 需要冲洗的产品都能带来肌肤温度的降低，对于毛孔易堵塞和易长脂肪粒的肤质来说，免洗型确实不太适合你。不厌其烦地洗，你就会是个"零烦恼美女"。

促进吸收，使产品升温的方法

敷 敷有干敷和湿敷两种，手掌的干敷能将乳霜的功效发挥到最好。温毛巾湿敷比较适合面膜，利用水气的引导把营养带进肌肤深层。

按摩 精华液等带有冷却作用的产品，最好在按摩后使用，肌肤瞬间从温热降回冰冷，能大大刺激微循环；而焕肤霜、焕肤乳等适合和按摩同步进行，把按摩时间延长些，你会发现这样比蜻蜓点水式的用法更有效果。

5 温差决定肌肤命运

在初中学物理的时候我们都知道"渗透差"、"浓度差"对吸收的作用，"温差"对皮肤吸收也有帮助。一般来说，只有形成温度差，吸收才会顺利进行。

当护肤品温度和皮肤**一致时**

喝下与体温最接近的水最养生，当使用和皮肤温度一致的护肤品时，优点在"养"。能治疗过敏皮肤的护肤品最好都是常温下使用，建议少玩温差把戏。

当护肤品温度比皮肤**略高时**

护肤品温度比皮肤略高时，肌肤知觉感受打开，你会发现肌肤鲜活、红润度立马上升。一切以"发热"为卖点的护肤品，例如发热面膜、桑拿面膜，正是借助这种比皮肤略高的温度，刺激微循环。但是肌肤表面温度的短时间的改变，对肌底作用不大，我们可以言之凿凿地肯定：一款发热型护肤品绝对比不上一条最普通的热毛巾。

当护肤品温度比皮肤**略低时**

不仅热可以刺激微循环，冷也同样可以，对冷和热的偏好的确要看个人喜好。在冬天，适当在保养步骤时置入冷敷的冻膜或者冰镇过的精华，冷热交替，层次越多，你会发现护肤的体验感越多。

Chapter

5

热门话题
揭开化妆品内幕

美容圈从来不缺乏新鲜热辣的话题，你也曾积极地站在讨论者之列么？
这些此起彼伏的声音里，
讨论过关于护肤品小样的真相、现在最风靡的美容小仪器以及护肤包装里暗藏的秘密……
如果你错过了这些重要信息，很可能就和真相失之交臂了。

谈一谈护肤品的包装

　　就从一瓶美白精华说起吧。透明瓶子所装的相比深色玻璃瓶所装的竟然在功效上逊色很多？没错！除了创意和美学的因素之外，化妆品、保养品的包装绝对有讲究，它关系到成分的保鲜、质量的保障和与脸接触的安全性。

包装材料对护肤品的影响

膜、瓶、袋、管等各类包装材料，它们与保养品化妆品朝夕相处，材料性质是否稳定？会不会溶出毒素？我们必须具备辨别的能力。

高活性美白成分

塑料有个明显的软肋——光阻性不强。这个缺点决定了塑料不能盛装活性比较高的内容物，例如含有高浓度熊果苷、维生素C或者曲酸的美白精华等。塑料阻隔不了光对这些成分的损伤，等于是给它们废了武功。

怕光的"暗"成分

不少女生有这样的体验：在化妆品专柜试用胶原蛋白化妆水时居然是温热的，观察一下发现原来是被灯光烤热，打开瓶盖试用几乎都已经变质了。光会使一些成分加速变质，恰恰塑料对光是最无能为力的。如果这些成分用塑料包装，会使它们失去效力。

这些怕光的"暗"成分有三种：含有高保湿成分（例如胶原蛋白）、各种活性成分（例如各种酵素）和光敏感成分（例如甜橙精油）。

脂溶性有机成分

塑料遇见了脂溶性成分，就会使塑料瓶体中的乙烯单体慢慢地溶解，通过护肤品进入皮肤，出现头晕、恶心、呕吐、失眠等现象。

我们常见的脂溶性成分就是脂溶性的维生素（维生素A、维生素D、维生素E）、通常用来抗氧化的番茄红素和美容植物油（鳄梨油、小麦胚芽油、棕榈油、橄榄油、玫瑰果油），这些成分假如是用塑料瓶盛装的，你完全可以移情别恋别家专柜。

具备辨别能力我们就能做到如下几点

——辨识产品的质量

产品质量和包装质量一般是成正比的，优质产品一定是用符合其化学物理性状的容器去盛装它。用白色透明瓶子盛装的美白精华？如果遇到这些情况，你完全有理由置疑它的纯度。

——自己决定开封后的使用时间

如果一种应该用玻璃盛装的成分用塑料瓶子包装，那么你应该比保质期再提前3~6个月把它用完。

——注意避热避光保存

塑料的宿命是不耐热、光阻隔性不够，在有强光照射（窗台等）和热环境（例如浴室）里塑料里的内容物更容易变质。当内料发生质地改变，例如稠变稀或者油水分，即使没有异味也最好不要使用了。

Lesson 2　包装颜色对护肤品的影响

包装的颜色虽然各凭创意，但作为与内容物亲密接触的里料（特别是装着活性比较强的成分时），不恰当的成分会使材料的有害成分溶出，继而渗透进我们的皮肤。

染色塑料容器有溶出风险

当保养品属于偏酸性、易氧化、纯油（例如精油、矿物油、植物油等）这三种类型时，如果盛装它的是颜色鲜艳、染色的塑料容器，那么色料容易被这些内容物溶出，渗透进皮肤里。

深色玻璃瓶装的活性成分最保鲜

玻璃瓶子的颜色越深，对内容物的新鲜度保存就越有利。尤其是不讲究保养品存放环境，不习惯把保养品放进抽屉里的人来说，深色玻璃瓶最适合你。一般来说，抗氧化、抗衰老、美白等这类高活性的保养品如果用深色玻璃瓶所装，活性是最值得信任的，买的时候应该选择这一类。

Lesson 3　包装小配件聪明挑

除了容器，为了方便，我们取用的小配件也要进入吹毛求疵的名单。

吸管/滴管　塑料No! 玻璃Yes!

尤其是一些低廉的精油产品，不少还附带塑料滴管，因为脂溶性的精油会使塑料的有害物质乙烯溶出，使用这样的产品对皮肤而言是一种毒害。

吸帽　劣质塑料No! 橡胶、硅胶Yes!

精华液瓶、原液瓶、精油瓶上都有吸帽，在挑选时我们应该选择壁厚、弹性佳、与滴管密封性好的吸帽。用手撑开，表面有裂纹的证明是劣质塑料制成的，接触内容物时会容易被腐蚀。

旋盖　金属No! 塑料Yes!

面霜的旋盖处正好是细菌霉菌的温床，金属旋盖接触面霜时更容易出现霉变、锈变等现象，如果你用面霜速度很慢，建议挑选塑料制成的旋盖，减少细菌滋生。

内垫片　塑料No! 铝箔Yes!

刚打开的面霜罐或者面膜罐都会有一张可掀开的内垫片，这里建议大家拆封后就没必要保留内垫片了，只要将罐子水平放好，内容物就不会有洒出的风险。塑料内垫片很容易滋生细菌，一些女生就用内垫片直接蘸涂在脸上的方法更是不可取的。

唇彩刷　尼龙毛No! 动物毛Yes!

大部分廉价的唇彩刷都使用的是尼龙毛，尼龙毛的优点是价格低廉、耐磨、弹性好，但缺点是吸水性差，唇部比较敏感的人最好不要使用尼龙毛的唇彩刷。另外尼龙毛刷头无法发挥出一些高端唇膏唇彩盈润饱满的效果，而动物毛就可以做到。

面膜/霜挖勺　电镀No! 不锈钢/塑料Yes!

一些经过电镀处理的挖勺（常见在高端面霜或者眼霜包装）是不适合随意搁置在内料内的，因为经过电镀处理的材料长期接触皮肤会使面部滋生金属中毒性黑斑。

Lesson 4 恶作剧包装黑名单

为了取悦消费者，有的制造商在包装上大做文章，我们在面对这些"文章"时会大伤脑筋。以下一些恶作剧包装，是鸡肋不是创意。

MAQUILLAGE资生堂
心机美人睫毛卸妆笔

恶作剧指数：★★★★

卸妆液装在旋转式的笔管内，第一次使用时要向右转够一定圈数才有内容物流出。不仅用起来不方便，当遇到气压变化（坐飞机）和不小心触碰时，卸妆液也非常容易流出，3.5g的量已经不多，容易造成浪费。

Guerlain娇兰午夜蝶舞喷雾散粉

恶作剧指数：★★★★

气囊式包装多见于一些复古的香水瓶，气囊式的包装尽管尽显奢华，但气囊的缺点是需要两只手配合握着才能喷洒，对于一款全身可以使用的散粉来说使用起来不够方便。

羽西美肌透泽珠光散粉

恶作剧指数：★★★

出粉口比较大，加上刷毛不够浓密，导致出粉量比较不均匀。由于这款散粉带有亮烁颗粒，出粉量不好掌握的话容易打出过于闪耀的妆面。另外笔管也比较粗，质感较轻，用起来手感欠缺。

佰草集新七白美白精华液

恶作剧指数：★★★★

取用过程极其复杂：需要取出新七白精华素的保鲜卡，掰下其中一小格，平放并揭开背面的铝箔，再滴入一滴管精华液，并用配套小棒轻轻搅拌，直至美白精华素完全溶解才能使用。

Elizabeth Arden伊丽莎白雅顿
水感24小时持久保湿眼霜

恶作剧指数：★★★★★

宽瓶窄口、多棱角的瓶身设计，会使大部分的膏体都夹在瓶壁的厚玻璃形成的凹槽中间，这个区域恰恰是没有办法通过手指、棉棒等工具取到的。由于只有15ml，在分量不多的情况下，光是包装就让不少眼霜"葬身"在各处死角里。

Talika塔丽卡瞬间明亮轻便眼膜

恶作剧指数：★★★★

配有锭剂、蓝色溶液和干的眼膜片，调配过程也相当麻烦，需要先将锭剂倒入蓝色溶液，混合成精华液后并没有配给器皿来装浸透的眼膜片，只好勉强用手来装。

Borghese贝佳斯活力强效修护眼膜

恶作剧指数：★★

罐装眼膜的缺点是每次取出来都要让剩余的眼膜暴露在空气中，罐底浸渍的精华液还是滋生细菌的温床。并且没有附带镊子，用手指取用不仅不卫生也不方便。

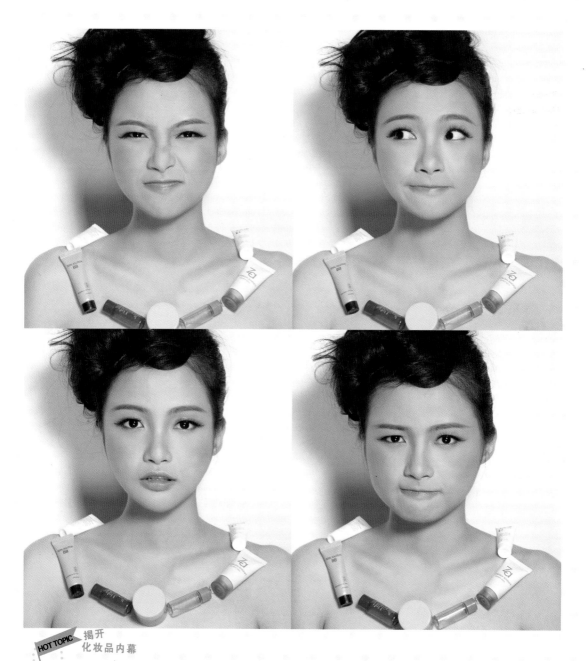

揭开
化妆品内幕

揭开护肤品小样的真相

　　满足了我们的好奇心、贪婪欲和占有癖，便宜又方便，但是包装不正规，生产日期总是欠奉，它就是让人欢喜让人忧的护肤化妆品小样。在护肤大军里，长期且频繁购买小样的人不在少数。但是你有没有想过，看起来完美的小样其实也有种种看不见的硬伤？

关于护肤品小样的六个真相

我们爱小样的理由不计其数，但是小样也有硬伤，这一点，似乎很多小样的使用者都没有考虑过。

赝品多，官网和坊间都鲜有鉴别的诀窍。

　　正装的真假容易分辨，但当购买小样和中样时，很多消费者却不再分辨真假，对一些明显的假冒痕迹视而不见，这就造成了小样赝品泛滥。

　　在一些中小型的化妆品批发市场，数量巨大的小样批量出售，使用简单的一次性塑料包装就能和专柜的小样一模一样。而官网和坊间都极少有小样的真假对比，所以辨别起来还是很困难的。

品牌曾经的促销套装被当成小样来制假，让消费者相信这就是正品。

　　有些产品并没有生产出小样，但是却看到铺天盖地的小样在销售，这很可能是这样一种情况：品牌一度推出的促销套装（以小样和中样为主）在停止销售后，被制假方制成小样，这样在市面上曾经和它们打过照面的消费者就不会怀疑，而制假方就以此来蒙蔽消费者的眼睛。

法律的漏洞养成小样不安全因素。

　　国家只要求销售的化妆品必须标有生产日期和保质期，而小样属于非卖品，因此并没有明确的要求，因此即使是专柜发出的小样也存在没有生产日期、只有保质期的现象。

小样的生产批号往往扑朔迷离。

　　化妆品正品上普遍会标有产品的批号，而小样上因为标注空间有限，往往只有些难以理解的数字：48907、B0013、5Y781……面对这些数字，恐怕没有几个消费者能很快译出所对应的生产日期。不仅如此，有的小样压根没有在瓶上袋上注解，用打印的贴纸一贴了事，品质的好坏让人深疑。

进口化妆品的小样多数缺少中文标识。

　　在网络销售中，进口化妆品的小样要比内地专柜小样更受欢迎，因为不仅可以购买到内地不发售的海外版新品，而且容量一般都比较大。

　　正品的进口小样多数缺少中文标识，所以制假方就有了可乘之机，在购买进口小样时也需要格外当心。

节约成本，小样包装不耐保存，变质速度比正装快10倍。

　　一个需要棕色玻璃瓶保存的美白感光精华，小样只用普通胶袋保存，拆封后如果没有马上用完，变质速度非常快。

　　例如唇膏，有的小样采用塑胶盒装，密封性差，也不抗压，在炎热的夏天很容易就变质出水。

2 这种情况下你更容易买到或者用到不好的小样

假冒伪劣、过期变质的小样无所不在，它充斥在每一个消费环境里，不仅在购物网站，即使是在正规专柜你也有可能拿到不好的小样。

到以小样批发为主的网购商户买东西
假货概率 **92**% 极高！

被赠送往年旧款、不是当季商品的小样
假货概率 **45**% 一般！

购买分拆装和分装版的小样
假货概率 **85**% 高！

包装设计和外观甚至和正品一模一样的小样
假货概率 **70**% 高！

封口不规律、有遗漏现象的小样
假货概率 **90**% 极高！

各个大牌的拳头明星产品，而且在售数量通常都很惊人
假货概率 **80**% 高！

规格超出常理的小样，例如超出7ml的眼霜小样等
假货概率 **60**% 较高！

往年已停产的旧款，但生产日期却标明在今年的小样
假货概率 **60**% 较高！

3 每个人都能掌握的小样简易鉴别方法

专柜拿到的小样不用担心，但是到网上购买的小样一定要当心。掌握以下几点，避免买到假冒伪劣的小样。

1 看容量

品牌小样有既定的容量，例如倩碧黄油仅有10ml、30ml、50ml的中小样，20ml的小样是假货无疑。

2 看标识

正品小样即使很小，也会在商品上标明净含量、使用期限、批号，进口品牌还有"国妆特进字"等的字样，这些信息都没有的小样值得怀疑。

3 看包装

"小样一定会比正装差一点"，很多人正是利用大家的这点心理来造假。小样的包装不一定就差，瓶面管面印刷的字体用指甲不能刮蹭掉，旋口瓶盖都要平整，粉底腮红等粉质填充的小样边缘都干净平整，否则都有假货的嫌疑。

4 看卖家

一些网店出售中小样的数量实在过于惊人，而且各个品牌的小样都应有尽有，对于这种卖家要特别当心，千万不要贪便宜买到假货小样。

关于护肤品小样的几个疑虑

我们对于小样都有一些疑虑，认为小样里总有很多猫腻，但有一些担心或许只是杞人忧天。

疑虑1

为什么总是感觉小样的效果会比专柜销售的正装更好？

没有一个品牌会为了生产小样再研制一个配方和装配新的生产线，小样的内容物和正装的绝对是一样的。效果上的差异可能体现在小样的灌装日期一般都比较近，品质新鲜，加上小样的用量都是设定好的，属于刚好能体现出最佳效果的用量，因此感受上会有差异。

疑虑2

为什么有的小样的名称和正装的名称完全不一样？

以淘宝为例，一些商品小样的来源多是香港、台湾和日本，小样背后的品名全称和内地上市的全称大多数都不一样的，配方上也略有差别。

疑虑3

品牌为什么爱送洁面乳或者爽肤水的sample，极少送比较贵的粉底？

小样的目的是带动连续消费，品牌更倾向于把最基础、最常用、最新品赠送给顾客，一般就是每天都需要的洁面乳和爽肤水类，5ml、8ml的粉底小样（正装一般也仅有15ml左右而已）并不是没有，但基本都会作为满额馈赠或者活动赠品，不会随意地送出去。

疑虑4

索要新品小样，为什么会被告知缺货？

小样也是需要订货的，尤其是新品上市的产品，小样断档的概率比较大。一般在节日前后的销售旺季去索要，大多会拿不到。

疑虑5

我从来没有在专柜获得过中样，但是为什么在网站上中样却随处可见，价格还越来越高？

拿不到中样可能和这三个因素有关：①你的消费额度不足以让柜员赠送中样；②专柜等级或者所在商场等级不够，没有配备到足够的中样；③为了刺激官网的销售，大多数的中样和小样都集中回馈给了在官网的顾客群，但是也不排除柜员将自己调配的中小样挪作他用的可能。

化妆品和你想象的不一样

　　我们每天都要使用的化妆品，带着各种或激进或温和的口号来到你的面前，其实它们和你想象的并不完全一样。一些主打温和的成分实际上戾气十足，我们偏爱的某种产品却是最大的阴谋家……化妆品，它仍然具有商品的普遍属性——以营利为目的，因此在一定程度上带有一定的欺骗性。

声称能给皮肤补氧的产品多属于无稽之谈。

"给皮肤补充新鲜氧"的说法一直是非常响亮的广告词，给皮肤补氧又一边抗氧化、对抗氧，这种自相矛盾的说法实际上是非常可笑的。

"补氧"只是吸引感性化的消费者的一种宣传说词。迄今为止，没有任何保养品能达到给皮肤传输新鲜氧气的科技水平。在正常的条件下，表皮吸收到氧气必须依赖较大的气压，肌肤中血液对氧气的溶解量也有限，因此身体吸收氧主要还是通过呼吸进入的氧气，而绝非表皮吸收的氧。一些通过添加氧化氢成分达到释放氧的产品，实际上会对皮肤产生自由基的损害，不受其益反而先受其害了。

没有任何保养品能实现给皮肤传输新鲜氧气的功能。

不要对植物酶有特别偏爱。

许多人对酶尤其偏爱，就连对待洗衣粉，也更愿意挑选添加了酶的产品。她们认为：有酶就证明洁净力更强，酶具有分解油脂的神奇能力。实际上添加进洁面产品中的酶是最没有意义的，酶被添加进敷面面膜和去角质产品中还可能发挥一些作用。

我们在说明书上比较常见的植物酶有木瓜酶这些，且不分析如何得到这种酶，光论酶的"工作过程"其实是一种"分解行为"，而不是类似水杨酸的"剥离行为"，酶一定要在皮肤上停留达到一定的时间后才能起作用，决不是仓促按摩仓促冲水这短短几秒的时间就可以产生效果的。

如果你特别喜欢添加了酶的产品，尽量挑选面膜类和去角质类的、能在皮肤上待更长时间的产品。

果酸和美白成分、抗氧化成分共冶一炉的产品最危险。

我们在买保养品的时候常常发现果酸后面跟着一长串的成分，它们不乏美白的维生素C、熊果苷，抗氧化的葡萄多酚、绿茶多酚，洋洋洒洒十几种，仿佛把时下最流行的成分共冶一炉。

除非每种成分的含量都极其微小，否则果酸、美白成分、抗氧化成分都属于非常活泼的成分，活性强，协同性弱，用了容易敏感刺激。而商家通常为了减少刺激，添加了pH值调和剂和酸碱缓冲液等，这些"调解矛盾的成员"对皮肤的伤害，也不用多说了。

不要购买果酸和美白成分、抗氧化成分共冶一炉的产品。

争议话题 4 水

不要对声称"能与皮肤形成等渗透压"的水分有莫名的好感。

这里不是要给你上一堂枯燥的生物课，渗透压又是一个商家得以利用宣传自己的说词。"所用的水分与皮肤形成等渗透压，更容易吸收"，"天然纯净，低渗透压，更容易被肌肤吸收"……这些宣传说法，我们在一些化妆品（尤其是天然护肤品牌）的宣传上并不少见。

的确，低渗透压的外来液体更容易渗透进缺水的、渗透压较高的皮肤，等渗透压的液体的确更能自由地流动，但是获得渗透压较低的水并不困难，并不像宣传上说的需要不远万里获取原料。实际上，只依靠一部简单的机器，就能把普通的水源和盐变成具有等渗透压的水。

不要花大价钱购买声称具有"能与皮肤形成等渗透压"的化妆水，它的制法其实非常简单。

争议话题 5 防腐剂

"不含防腐剂"是一个谎言。

"不含防腐剂"的确是一个非常吸引消费者的行销手法，但是作为多种原料调制而成的护肤品真的能做到不需要防腐剂么？

事实上，大多数配制比较严格的品牌自己不会使用防腐剂，但每种原料来源不同，不能排除在原料阶段已经使用了防腐剂的可能。包装上标注的"不含防腐剂"，往往只是品牌没有自己添加防腐剂的证明。

不要被"不含防腐剂"的字眼吸引，而是要选择成分温和的。

争议话题 6 洗颜粉

洗颜粉并不比乳膏状洗面产品更好。

纯白洁净的洗颜粉，有的还做出了独立包装的打扮，这种销售模式坚定了多少在柜台前犹豫不决的女生的决心！在日本和台湾，洗颜粉尤其风靡，因为它看似原料最为朴素，白色的外表最不易含太多的添加剂。但现在要告诉你的真相是：它并不比乳膏状洗面产品更安全。

具有洁净能力的表面活性剂并不是单纯的粉末形态，它需要附着在粉末上，这些粉末通常是硅粉、滑石粉、高龄土等，这些载体粉有堵塞毛孔的风险，因此在冲水的时候，你甚至要比一般洗面奶花上更多的时间。

用洗颜粉要用大量的水去冲洗。痘痘肌肤不适合用洗颜粉。

"看起来"比较温和的卸妆凝胶/凝露只是商家卖点。

"用完卸妆凝露我就不必水洗了"，"因为用过后比较保湿，所以我才买的卸妆凝胶"……不得不说，凝胶和凝露形态的卸妆产品的确因为这些原因特别走俏。

让人有点泄气的真相是，大部分廉价的卸妆凝露都是用一般保湿剂在卸妆。它们不用任何表面活性剂和讨人厌的化学成分，就可以研制一瓶号称"没有任何表面活性剂，不含酒精，不含油脂"的卸妆品，当然你用它的时候发现还是可以卸妆的，但它的洁净力和拿一片刚敷完脸的保湿面膜卸妆效果相当，为什么要花大价钱去购买这种凝胶/卸妆凝露呢？

不要轻信廉价的、声称保湿能力最好的卸妆凝胶/凝露。

水剂型的卸妆产品比油剂型渗透更快更不安全。

我们这次轰炸的焦点，一是卸妆液在卸妆力有本质上的"内弱"，二是水形态比油形态更容易渗透进嘴巴及眼睛周围的皮肤里。

一来卸妆液向来是以"油"独大的，因为以油才能溶解油，水形态的卸妆产品本身就有这样的先天性不足。二来水形态的卸妆产品更容易浸润毛孔，把高浓度表面活性剂带进皮肤里，如果不用水冲，伤害更大。所以不要相信眼唇卸妆液就比卸妆油更安全。

卸妆模式越简单越好，用一瓶质纯的卸妆油就足够了。

浓稠度只是障眼法，精华液越浓稠越要担心皮肤过敏。

拆开包装，拿两张美容液正滴滴答答往下掉的面膜对比，大部分人会选择美容液较浓稠的那张。"汁多汤浓"，"浓缩就是精华"，这是一种特别主观的对优质面膜的错解。

一片廉价但是畅销的面膜有可能是这样制成的：简单的补水成分，不断地加进一些增稠剂，把美容液的稠度调得高一些就是精华了，再稠点就甚至可以换壳成为果冻面膜。这里要提醒大家，面膜液浓稠度只是障眼法，"汁多汤浓"对于一张面膜来说，的确算不上是一种优点。

当你使用的面膜液体出奇浓稠的话要留三分神，揭下来后最好水洗一遍。

了解现在最风靡的
美容小仪器

　　立竿见影的医学保养品都尝试过了，怎么肌肤还是一蹶不振？或许你需要帮你提高效率的美容仪器。

1

舍得花微整形的价钱但是不愿意冒微整形的风险;

2

掌握不了太多美容护肤的技巧,愿意用机器代劳;

3

有肌肤问题,曾经有交给美容院去处理的经历,但是现在更愿意自己尝试去完成;

6

在所有皮肤问题中,斑点、皱纹、松弛这三个问题在自己身上最明显;

5

尝试过几百元的导入仪,效果得到验证后,想升级家用美容仪器的等级;

购买过或者打算购买医学保养品(医学保养品和美容仪器搭配使用效果会更好);

7

年龄正好处于"18-"和"25+"这两个阶段,正是需要防患未然和抢救的阶段;

8

每个月在护肤品上的花销平均都在1000元以上,却收不到与1000元对等的护肤效果。

TOP 1
紧致

ReFa O形瘦脸美容棒

可用部位：脸、手臂。
构造分析：不锈钢制成的264面球体，手柄内置8毫米的锗，只要室内有足够的光线，就能利用太阳能产生微电流，刺激肌肤细胞，达到瘦脸紧致的效果。

用途：辅助瘦脸产品；日常瘦脸按摩；随时消除面肿；消除眼袋。
用过的人说：冰冰凉凉的球体压在脸上有很好的舒缓效果，美容级的微电流在皮肤上只有电流通过麻麻的感觉。用过之后能感觉到皮肤被提拉，肌肤摸起来也更嫩更滑了。对去眼袋来说效果还是比较明显的。没有年龄限制，有需要都可以用。

Imiy Handy Mist手提震动喷雾美颜器

可用部位：面部、身体和头发。
构造分析：酷似手机的外形，体积很小。滑开盖子，就有超细微粒的美容液喷出，30秒后喷雾就会自动停止。

用途：面部日常保湿、头发加湿、妆前妆后定妆使用。
用过的人说：喷出的喷雾太细致了，不会滴漏下来，喷出的瞬间马上就被皮肤吸收了，脸上还没来得及挂上水珠。如果机器里的美容液用完了，还可以倒进自己喜欢的爽肤水，只要分子够细、流动性好就可以了，否则太浓稠的液体容易导致机器堵塞。

TOP 2
保湿

TALIKA 光魅525肌肤亮采器

可用部位：任何长斑点的部位。
构造分析：飞碟型的小仪器，放在离斑点约3厘米的地方，用于医疗理疗级的光波就会从小灯处照出，每次只花1分钟，用完会自动关闭。

用途：配合美白产品使用；去除色素沉淀及晒斑等斑点。
用过的人说：这个小机器的光源不是发热型的，照射的时候不会发热，甚至早上晒过太阳，晚上就可以治疗，提亮肤色。提亮肤色的效果大概一周就能看到了，而控制小斑点要最少30天后才能见效。在肌肤刚出现黯沉的时候使用，抑制老化的效果最好。

TOP 3
亮白

HITACHI 日立NC-560离子毛孔清洁器

可用部位： 脸部。

构造分析： 利用正负离子相互吸引的原理，机器头部的导电橡胶电极处于正电位，当接触到肌肤时，可将被负离子化的皮脂、老化角质等毛穴深层的污垢吸出来，保持肌肤的洁净。

用途： 洗脸后使用，做完清洁面膜后使用；睡觉前使用。

用过的人说： 用过洗面奶后的皮肤称不上是彻底洁净的，擦过爽肤水后，还有一点黑头浮出。这时用这个小仪器3分钟，加强清洁作用。尤其是在鼻头，会发现效果特别明显。特别是夏天爱出油、毛孔呈现黑色状态的肤质，尤其适合用它，效果等于用过黑头导出液+毛孔收缩产品。

YA-MAN GR-2Y锗眼部多功能美容仪

可用部位： 眼部和面部。

构造分析： 类似剃须刀的造型，有能产生39度温度的远红外线发热体，贴近眼睛下部能使眼袋快速消失，用在脸上可以使皮肤紧绷有弹性。

用途： 妆前使用，粉底更贴皮肤；消除眼周问题；收紧面部线条。

用过的人说： 用在眼睛底下热热的非常舒服，眼睛的酸胀感马上就消失了。敷过眼膜再用，细纹都减少了很多。晚上喝了太多水的人，滚上几分钟，第二天眼睛就不肿了。但是需要自己掂量使用时间，还要有一点眼周穴位的知识才能事半功倍。

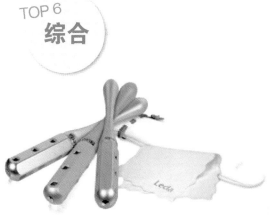

Leda多功能半导体锗瘦脸美颜按摩棒

可用部位： 眼部、脸部、颈部、手臂等。

构造分析： 多棱形的按摩棒上半部分是可以旋转的，在脸上滚动能达到紧致皮肤的效果；棒头有锗粒子端，方便按摩眼部，促进血液循环。

用途： 日常按摩；用过面膜后提升后续效果使用；去黑眼圈和眼袋。

用过的人说： 拿起来非常轻，手臂不会觉得累。在脸部滚动之后会有一点点微热感，会有一定的活血作用，1个月后脸部线条大幅提升，尤其是眼尾和嘴角最明显。在顶端有一个锗粒金属端，对照着眼部穴位按下去，能促进眼部代谢，眼部的疲累感用过一两天就能减半。

TOP 7

导入
保湿

HITACHI日立CM-N800负离子多模式高效导入仪

可用部位： 脸部、颈部。

构造分析： 圆形的钛金亲肤按摩盘，利用细微的震动和电脉冲进行美容护理。如果放在肌肤上静置30秒不动，仪器就会自动关闭。

用途： 清洁毛孔；用过护肤品后使用，产生导入效果；整肌功能，消除毛孔和细纹。

用过的人说： 首先试用一下清洁模式，用浸湿爽肤水的化妆棉装进按摩盘上，开机5分钟就能发现棉片上出现黄色的、未清洁彻底的污垢；第二个导入模式，在用过精华液之后使用，可以边慢慢游走边轻轻敲叩，皮肤吸收彻底后没有黏腻感，感觉精华液更保湿了；整肌功能比较适合用在眼尾，1分钟就能使眼霜吸收，消除干纹。

Slim Cera小脸按摩美容器

可用部位： 眼部、脸部、颈部和全身。

构造分析： 小仪器的上部有5个小滚轮，每个小滚轮的表面都有超细网面，在肌肤上滚动时有清洁毛孔的效果。滚轮的下面能散发远红外线，刺激肌肤胶原蛋白的增生。

用途： 涂过保养品后使用；沐浴后按摩；紧致颈部和眼部；收缩毛孔。

用过的人说： 小滚轮贴在脸上一点刺激也没有，用在脸上的时候，只要向松弛的方向逆向滚动就可以了，非常方便。用了护肤品再用，还能起到促进吸收的效果。这个机器是不限使用次数的，随时滚动一下，就能消除松弛感。

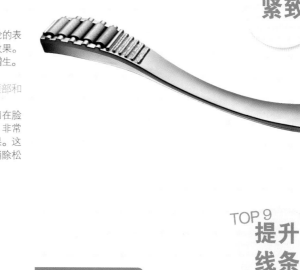

TOP 8

紧致

TOP 9

提升
线条

ReFa白金电子滚轮

可用部位： 脸部、颈部、手臂、腹部、臀部和腿部。

构造分析： Y形的按摩滚轮表面有天然矿石制成的陶瓷圆环，内部发出远红外线，还传导出微电流，刺激肌肤细胞新陈代谢，排除肌肤多余的水分，让肌肤细胞排列更紧密。

用途： 按摩脸、手臂、腹部、臀部和腿部；配合增加弹力功能。

用过的人说： 这个仪器比同类型的仪器要大一些，在脸部使用的时候，较适合下巴部分。睡觉前滚动几下，下巴的线条会越来越明显。因为它完全防水，可以搭配瘦身霜、按摩油一起来瘦四肢，消除橘色的效果也非常好。

Lesson 3 美容小仪器和一般美容工具的比较

比拼项目	美容小仪器	一般美容工具
使用寿命	这些美容仪器主要由钛金、不锈钢等耐用材质制成，耐用度很高，如果电源没问题，几乎是无限次使用的。	平价的塑料、木制美容工具使用寿命不长，也因功能比较少，很快就会被抛弃。
花费	按每次使用平均数折算，看起来贵的美容仪器其实和一般的无异。	感觉有效，冲动购买后发现等同鸡肋也是一种浪费。
功力深浅	多能解决肌肤深层问题，例如色斑、皱纹和松弛。	多能解决肌肤表面问题，例如角质、粉刺和黑头。
效果持久度	便于每天使用，持久度可以说因人而异，但是坚持做，能与医学美容的效果相媲美。	持久度比较差，一些粗糙构造的工具反而会使皮肤产生细纹，得不偿失。

Lesson 4 如果你是第1次用美容小仪器

Choose 如何选购美容仪器？
首先要根据自己出现的皮肤问题选择，要信赖有信誉的大品牌，谨防山寨品。尤其是光疗类，如果波长不对，反而会刺激皮肤长斑，不要轻信网上陌生品牌言之凿凿的宣传言论。

Use 使用的时候该注意些什么？
熟读说明书，要遵照美容仪器的使用时间和使用频率，适当给皮肤一点休息的时间，会给自己更大的惊喜。如果你手上拥有的是按摩型的仪器，一定要注意选购适当的介质，例如有的按摩仪要搭配润滑感比较强的精华液，而有的需要乳液。

The Second Step 用完美容小仪器如何进行皮肤后续保养？
睡眠和放松就是最好的后续保养，不要接触日晒和电脑辐射。另外不要贪一时新鲜使用美容仪器，要把使用频率变得和睡眠习惯一样规律。

Keep 用后如何清洁仪器并妥善保存才能延长寿命？
即便是防水的仪器，也不要让它存放在湿漉漉的浴室里。每款仪器都有附送的清洁膜，尽量不要用其他的东西去擦拭和清洁。另外，和皮肤接触的那一面要用酒精棉经常消毒。

那些关于"水"的说法

　　保养品的配方中比例最高的成分是水，化妆水里的含量尤其高，就连油度比较高的霜类也占据30%以上的比例。水的作用自不必说，水在宣传上的号召力和在产品本身的分量越来越重，很多品牌都在上面做了文章，我们也越来越看不懂了：海洋深层水、去离子水、纯净矿物水、有机水……这些都是什么水？越来越多我们看不懂的"水"，它们究竟是什么？面对各种关于水的吆喝，我们也必须冷静地看待，不要把水看得太重了。

Lesson 了解那些我们看不懂的"水"

在产品背后的成分表中，我们常常会看到这些"水"成分，面对这些陌生的名词，大部分人的想法都是矛盾的：我们既能清醒地认定这是商家的故弄玄虚，又被它貌似高科技的称谓所迷惑。现在就来告诉大家这些看不懂的"水"究竟是什么。

看不懂的——

海洋深层水

只有少数高端品牌能用到的珍稀水

一些高端品牌的补湿产品通常会喜欢用海洋深层水。它是指水深200米以下（200米是海洋植物发生光合作用的极限深度）的海水，这类海水具有低温、极其纯净的特征，因为没有光合作用，所以不含任何有害微生物和污染物。

由于提取海洋深层水需要较高的开发代价，因此只有少数高端品牌能提供海洋深层水成分。

看不懂的——

去离子水

它和自来水一样普通，但却常常自命不凡

也叫做软水，它指的是在制造过程中去除了水中钙、镁离子的水。去离子水的特点是硬度低、疗愈性好，对皮肤的干燥、皮屑、发炎问题能比较好地安抚。

去离子水算不上是一种难以获得的水，提取它是一种极其简单的工艺流程。用于保养品的它还有一些另外的名字，如"高纯水"、"超纯水"、"深度脱盐水"等。

看不懂的——

纯净矿物水

自然价高，人工价廉，要分开对待

矿物水指的是从天然泉水提取到的成分水，不少添加进保养品里的矿物水也有是人工配制成的，只要加入一定量的矿物盐、微量元素或二氧化碳气体就能灌制而成。

不要看到矿物水就心花怒放了，实际上矿物水是最容易"作弊"的水成分，如果买到人工配制的矿物水，它的效果甚至和家庭饮用的矿物水是大同小异的。

看不懂的——

电解水

一水两用，满足不同人的需求

我们在保养品的成分单里常常会看到酸性电解水和碱性电解水这两种。自来水过滤后，经过电解层，氯硫磷等带有负电荷的离子向阳极流动形成酸性电解水；钾钠钙镁等带有正电荷的离子向阴极流动就形成了碱性电解水。

对皮肤而言，酸性电解水能收敛毛孔、抑除菌毒，对痘痘肌肤效果好；碱性电解水渗透性佳，易于被皮肤吸收，常常会用在以保湿为诉求的产品里。

那些关于"水"的说法

商家对"水"的说法是永远不会词穷的,我们在掏钱之前一定要冷静地对待,尤其是以下四种商家惯用的"科技轰炸":

等渗性水

当我们要买一瓶最简单的补湿喷雾时,最常遇到的说法是:"采用等渗性与皮肤一致的XX水,更容易被细胞所吸收。"

True: 让我们来温习一下生物知识,液体的流动规律是,低渗透压向高渗透压流动,意思是浓度低的液体向浓度高的液体流动。一般而言,缺水的细胞内液浓度会偏高,此时不管补充哪种水分,都会导致比较好的液体渗透率。

要使肌肤细胞大口大口喝水,只要该水分足够纯净即可,无需追求等渗性,也不需要动用何种高端的萃取科技或者不远万里地从珍稀泉水来获得这样的水。

生理温泉水

当我们要购买敏感性皮肤要用到的药妆时,常常会碰到这样的宣传词:"生理温泉水,不改变细胞机能,保护敏感皮肤的生理平衡。"

True: 水也具有生理性?实际上只要该水属于微酸性水,就具有保护皮肤生理平衡的作用。因为发炎、溃损的敏感皮肤,它天生的酸性保护膜属于被破坏的状态,只有微酸性的成分才不会造成刺激。

具有微酸性的水比比皆是,甚至只要往普通的水里面添加酸碱调和剂,就不难获得具有微酸性的水。

重塑皮肤水脂膜

修复型的产品中声称含有能重塑皮肤水脂膜的水。

True: 从来只听说皮脂膜的重要性,那么水脂膜又是什么?它的具体位置在哪?实际上,生物学上并没有承认"水脂膜"的存在,对于急于卖掉商品的商家而言,"水脂膜"有的已经和皮脂膜混为一谈,而有的则泛指角质层下的水脂膜。

实际上水只能起到浸润角质层的作用,而角质层又是由没有细胞核的死亡细胞组成的,水要经过死亡细胞再重组水脂膜,实则是不可能完成的任务。

模仿泪液膜

一些补水产品声称其成分可以模仿泪液膜。

True: 模仿眼泪,实际上是把单纯的"水"变成"油包水"的形态,这样的水的确是更保湿的,效果等同于使用了含水量比较高的乳液。当然,采用有了泪液膜技术的水也并不证明它是好水,补水后使用面霜,以油脂锁住水分其实也能达到同样的效果。

Lesson 3 那些有点特别的"水"

水有寂然无名的，也有声名大噪的，它们有的在深海蛰伏，有的能模仿眼泪。现在带大家去认识这些有点特别的水。

矿泉水
Evian依云矿泉水喷雾
源自法国阿尔卑斯山的矿泉水，蕴含对皮肤有益的多种天然矿物成分，能达到补湿和滋润的作用。

纳米矿物水
LANEIGE兰芝夜间修护锁水面膜
独具深层补水系统，通过纳米矿物水和多种微量元素，成功实现三阶段全面且深入的夜间水分护理。

仿泪液膜保湿水
Avene雅漾活泉恒润隔离保湿乳
新一代仿泪液膜保湿成分与雅漾活泉水结合，舒缓抗刺激，恒润保湿，令肌肤倍感舒适。

去离子水
十二味雪茯苓美白离子水
蕴含云南原生态茯苓、杏仁等名贵中药精华，借助去离子水的细微渗透力，把美白滋养成分充分渗透到角质层深部。

海洋矿物水
H2O水芝澳海洋爽肤水
不含酒精成分，海洋中的矿物成分能平衡酸碱度，再次清洁皮肤，去除不洁杂质，有助后续的面霜吸收。

Lesson 4 给你两个理由，别把水看得太重

无论是什么水，都依靠保湿剂才能起到效果

无论是哪种"出身"的水，它发挥作用的最大值都是有极限的——就是浸润角质，让角质细胞平滑。而发挥真正护肤功能的，是水所携带的物质。

就保湿水而言，无论是海洋深层水或者是普通的矿泉水，它的补水意义是相同的，或持久或短暂的保湿效果上的差异是品牌加入保湿剂的级别不同罢了。

天然好水固然值得追捧，但是人工也能造出好水

被作为疗养圣地的某处出产的矿泉水卖得比牛奶还高，能治愈皮肤病的某某泉水价格高涨……在各种水成分里，我们往往更容易接受天然好水，并表示出极明显的偏好。

实际上这些不同产地的温泉水是因为微量元素的含量非常高才出名，人工造水也已经能把钙镁离子等元素很好地添加进去，在一定程度上已经不输天然好水。

Lesson 5 功能各异的水如何使用

保湿水

要像用乳液一样用它

侧重保湿效果的水一般都注重"面积"的覆盖，它讲究在肌肤上覆盖的厚度、温度，还有量的问题。所以用保湿水时一定要适度挥霍一些，最好是用带有热感的双手去助推。

每次用保湿水的时候，取的量要多一些，倒在手心上最好占1/3面积的量；

保湿水多数都可以用在眼周等皮肤较薄的地方，用手指逆向抚平纹路；

用完之后，脸部最好能感觉到有轻微的黏腻感，用搓热的手掌覆盖1分钟，拿下来后黏腻感就会变成刚刚好的滋润感；

用保湿水后一定要用日霜，夏天可以改用较为清爽的乳液，及时阻挡刚补进去的水再流失。

L'occitane欧舒丹红米清爽保湿水

PDC 元气美肌高渗透保湿化妆水

Thayers金缕梅玫瑰花瓣爽肤水

柔肤水

要和棉片搭配使用

柔肤水具有柔软角质的作用，大部分研制柔肤水的品牌更爱赋予它收敛毛孔的义务，因此用它的时候最好搭配具有代谢角质作用的化妆棉。

先从角质层最厚、堆积最严重的额头开始，从额心向两边横向轻擦；

给脸颊去角质要从中间到两边，轻微向上提，感觉要把松弛的肌肤都提拉起来；

下巴尤其容易长封闭性粉刺，这里的角质也比较粗，要画小圈轻轻打转，去掉增厚的角质；

从下巴到发际擦拭脸的外轮廓，这个部位最常被风吹日晒，皮屑会比较多；

最后是眼周皮肤，轻轻用棉片拍打，这时棉片上已经几乎没有什么水分了，此时对眼睛来说是最清爽的。

Biotherm碧欧泉新矿泉柔肤水

L'Oreal欧莱雅创世新肌源柔肤水

Aupres欧珀莱莹白活性育肤水

Nature&Co娜蔻
纯皙靓白化妆水

肌研白润美白化妆水

Cosmo胎盘素
白肌美容水

美白水

最好采用湿敷的方式

再卓越的美白水都不能在短时间内给肌肤带来净白改观，尤其当美容成分和易挥发的水结合时，更需要一个相对密闭的强制吸收空间。

将足量的美白水倒在有一定吸储量的海棉片上，纯棉质地的棉片能保证水分被缓慢释放；

把它们敷在易形成黯沉的眼底大约5分钟，棉片的尺寸最好也能照顾到有雀斑的位置；

闭目养神，把棉片浸润美白水盖在眼睑和眼周，感觉一阵冰凉慢慢舒缓肿胀疲劳的眼球，也需要5分钟；

局部敷完美白水后，可以用美白水浸润一张面膜敷贴在面部，坚持10分钟。

镇静水

来点"冲击"和"压力"

舒缓水的质地一般都比较清淡，浅浅地涂一层的话，仅够湿润角质层，根本达不到更近一步改善肌肤细胞的目的，因此要用手掌轻摁、多涂几次，才能实现安抚作用。

Skin food芹菜
柳橙舒缓化妆水

The Body Shop美
体小铺小黄瓜调理水

如果没化妆的话，对皮肤做简单的冲洗，用晒过的毛巾吸干脸上的水分；

做完去黑头撕拉面膜或者磨砂去角质等护理后，可以用浸润舒缓水的棉片轻轻敷在皮肤表面几秒种再做拍打，可以迅速镇定毛孔；

MUJI无印良品
舒缓化妆水

镇静喷雾要趁脸部毛孔张开时使用效果才好，喷完之后轻轻用手摁压，将水分摁到皮肤里；

当你觉得皮肤紧绷不适，或者被晒伤干燥过度时，可以用手把舒缓水轻轻摁在肌肤上，稍微用点力，用手掌贴脸按压，刺激肌肤表面微循环。

图书在版编目（CIP）数据

我最爱的美肤手典 / 曹静编著. -- 成都 : 成都时
代出版社, 2014.9
ISBN 978-7-5464-1210-8

Ⅰ.①我… Ⅱ.①曹… Ⅲ.①皮肤－护理－基本知识

Ⅳ.①TS974.1

中国版本图书馆CIP数据核字(2014)第156054号

我最爱的美肤手典
WO ZUIAI DE MEIFU SHOUDIAN

曹静　编著

出 品 人	石碧川
责 任 编 辑	张　旭
责 任 校 对	周　慧
装 帧 设 计	◎中映良品（0755）26740502
责 任 印 制	干燕飞

出 版 发 行	成都时代出版社
电　　话	（028）86621237（编辑部）
	（028）86615250（发行部）
网　　址	www.chengdusd.com
印　　刷	深圳市福圣印刷有限公司
规　　格	787mm×1092mm　1/16
印　　张	8
字　　数	200千
版　　次	2014年9月第1版
印　　次	2014年9月第1次印刷
印　　数	1-15000
书　　号	ISBN 978-7-5464-1210-8
定　　价	29.80元